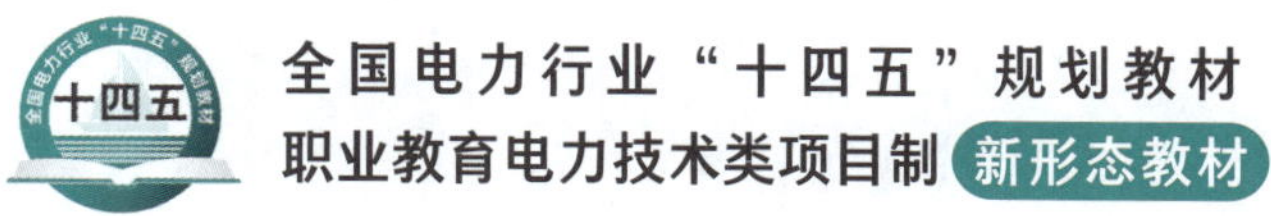

变压器运行与检修

BIANYAQI YUNXING YU JIANXIU

宋慧欣　王冬梅　车一鸣　编

刘景峰　李元庆　主审

中国电力出版社
CHINA ELECTRIC POWER PRESS

内容提要

本书为全国电力行业“十四五”规划教材。

本书共分为3个项目11个任务，分别涵盖了单相变压器的空载、负载运行，变压器的参数测定，双绕组变压器改自耦变压器，油浸式电力变压器的拆解、检修、试验和回装，三相电力变压器的空载及负载运行，变压器的联结组标号测定，三相变压器的并联运行。本书配套有视频讲解、拓展内容、思考与练习题、在线自测题，并附有综合试题、任务工单及作业指导卡，便于随时检验学习效果。

本书可作为职业院校发电厂及电力系统、电力系统自动化技术、供用电技术等专业基础课程教材，也可供相关领域的工程技术人员参考自学。

图书在版编目（CIP）数据

变压器运行与检修/宋慧欣，王冬梅，车一鸣编．—北京：中国电力出版社，2023.8

ISBN 978-7-5198-7911-2

Ⅰ.①变… Ⅱ.①宋…②王… ③车… Ⅲ. ①电力变压器—运行 ②电力变压器—检修

Ⅳ. ①TM41

中国国家版本馆CIP数据核字（2023）第107809号

出版发行：中国电力出版社

地　　址：北京市东城区北京站西街19号（邮政编码100005）

网　　址：http://www.cepp.sgcc.com.cn

责任编辑：雷　锦（010-63412530）

责任校对：黄　蓓　常燕昆

装帧设计：赵姗姗

责任印制：吴　迪

印　　刷：北京九天鸿程印刷有限责任公司

版　　次：2023年8月第一版

印　　次：2023年8月北京第一次印刷

开　　本：787毫米×1092毫米　16开本

印　　张：12

字　　数：272千字

定　　价：42.00元

本书是为了更好地适应高等职业教育教学改革和发展的需要，依据教育部关于高职高专课程内容体系改革的原则及高技能人才培养的特点和规律，结合企业实际技术应用，针对学生职业能力和创新能力的培养而编写的项目式教材。

本书具有鲜明的职业教育特色，理论上不片面追求变压器电磁理论的系统性和完整性，而是紧密结合生产岗位技能的需要，注重知识的应用性。本书打破了传统的学科式教材模式，以项目为导向、以任务进行驱动、以能力培养为重点构建项目内容。

本书有如下特点：

（1）通过问题引入、任务探究以及“做中学、做中教”模式，培养学生在完成任务过程中提出问题、发现问题、思考问题、解决问题的综合素质。

（2）打破传统章节顺序，根据学生的认知规律，由简到难，逐层递进安排教学任务。

（3）项目和任务具有可组合性和可选择性，便于不同专业选修。

（4）每个任务实施之前加入了任务引入、任务描述及学习目标，便于学生提前了解任务、明确目标；加入预习内容，便于学生在任务实施之前学习相关理论知识，养成预习习惯；任务实施环节指导学生实现“做中学”；项目完成之后加入自测题，并可以扫码查看参考答案，便于即时检验学习效果。

（5）内容叙述力求简明扼要，通俗易懂，深入浅出，富于启发性。

（6）电子资源和拓展内容丰富，形式多样，可以满足不同学习者的学习需求。

本书由保定电力职业技术学院电机课程组编写，宋慧欣对全书进行统稿和修改。其中，项目 1 和变压器检修作业指导卡由宋慧欣编写；项目 2 和变压器运行任务工单由王冬梅编写；项目 3 由车一鸣编写。本教材由广西电力职业技术学院李元庆教授和保定电力职业技术学院刘景峰教授主审。国网张家口供电公司的刘丹工程师和保定天威保变电气股份有限公司的张俊杰高级工程师参与了内容指导和项目建议。在此一并表示衷心感谢！

由于编者水平所限，书中不足之处在所难免，恳请广大读者提出宝贵意见和建议，以利于我们今后不断改进。

编　者

2023 年 4 月

目录

前言

课程学习指导和预备知识

项目 1　单相变压器的运行 …… 7
任务 1.1　单相变压器的空载运行 …… 7
子任务 1.1.1　降压变压器的空载运行 …… 8
子任务 1.1.2　升压变压器的空载运行 …… 15
任务 1.2　单相变压器的负载运行 …… 18
子任务 1.2.1　单相变压器带电阻性负载运行 …… 18
子任务 1.2.2　单相变压器带感性负载和容性负载运行 …… 21
任务 1.3　变压器的参数测定 …… 26
子任务 1.3.1　变压器的空载试验 …… 26
子任务 1.3.2　变压器的短路试验 …… 28
拓展内容一　标幺值 …… 32
任务 1.4　双绕组变压器改自耦变压器 …… 34
子任务 1.4.1　自耦变压器的改接线及空载试验 …… 34
子任务 1.4.2　自耦变压器的负载试验 …… 35
拓展内容二　三绕组变压器 …… 39
拓展内容三　互感器 …… 43
项目 2　油浸式电力变压器的拆装及检修 …… 47
任务 2.1　油浸式电力变压器的拆解 …… 47
任务 2.2　油浸式电力变压器的检修 …… 57
子任务 2.2.1　绝缘套管（纯瓷充油式）的检修 …… 59
子任务 2.2.2　吸湿器的检修 …… 61
子任务 2.2.3　储油柜的检修 …… 62
子任务 2.2.4　无励磁分接开关的解体检修 …… 63
子任务 2.2.5　有载分接开关的解体检修 …… 64
任务 2.3　油浸式电力变压器的试验 …… 67

子任务 2.3.1 绕组直流电阻的测量…… 67
子任务 2.3.2 绝缘电阻和吸收比的测量…… 70
子任务 2.3.3 介质损耗因数 tanδ 的测定 …… 72
▶ 拓展内容四 变压器油的处理与分析 …… 76
任务 2.4 油浸式电力变压器的回装…… 81
▶ 拓展内容五 变压器的小修 …… 84
▶ 拓展内容六 变压器的运行监视与维护 …… 86
项目 3 三相电力变压器的运行 …… 95
任务 3.1 三相变压器的空载及负载运行…… 95
子任务 3.1.1 三相变压器绕组的接线…… 95
子任务 3.1.2 三相变压器的空载运行…… 96
子任务 3.1.3 三相变压器的负载运行…… 99
任务 3.2 变压器的联结组标号测定 …… 101
子任务 3.2.1 变压器的极性测量 …… 101
子任务 3.2.2 变压器的联结组标号测量 …… 103
任务 3.3 三相变压器的并联运行 …… 107
▶ 拓展内容七 三相变压器空载电动势波形分析…… 112
▶ 拓展内容八 变压器的瞬态过程…… 114
附录 A 综合试题 …… 117
附录 B 常用电机设备术语中英文对照 …… 128
附录 C 停电工作票 …… 130
附录 D 变压器检修作业指导卡 …… 131
附录 E 变压器运行任务工单 …… 169
参考文献…… 183

课程学习指导和预备知识

变压器是电力系统中的重要电气设备。电能从生产到消费一般要经过发电、输电、配电和用电四个环节。其中，输电和配电环节的主要电气设备就是变压器。由于发电机绝缘条件的限制，发电机的最高电压一般不超过 27kV。为实现远距离经济输电，需要变压器升压。电能送到负荷中心后经过地区变电站降压到 10kV，然后再由 10kV 配电线路输送到配电变压器，最后经过配电变压器将电压变成 0.38kV 供电力用户使用。对于单相用户，其相电压就是民用 220V 交流电。在电能的输送和消费过程中，要多次使用变压器，电力系统中变压器设备总容量为发电机设备总容量的 8～10 倍。此外，在电能测量、控制和某些特殊用电设备上也大量应用着各种类型的变压器。变压器在电力系统中的应用示意图如图 0-1 所示。

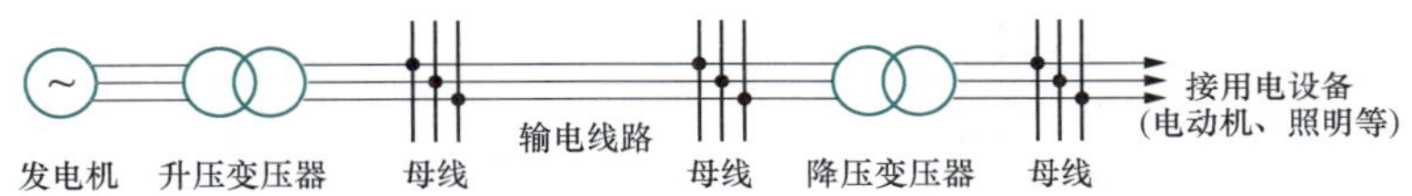

图 0-1　变压器在电力系统中的应用示意图

一、 变压器的定义

变压器是一种静止的电能变换装置，它利用电磁感应原理，把一种形式的交流电能转换为同频率的另一种形式的交流电能。变压器可以改变交流电的电压和电流，但不能改变交流电的频率。

二、 变压器的类型

为了适应不同的使用目的和工作条件，不同类型的变压器在结构和性能上有很大的差异。通常可按用途、相数、结构特点和冷却方式等进行分类。

按用途分类，可分为电力变压器、仪用互感器、调压变压器、试验变压器、特殊专用变压器等。电力变压器在电力网中用于输电、配电的升压和降压，是使用最广的一种变压器，本书主要讲述电力变压器的运行与检修。仪用互感器包括电压互感器和电流互感器，用于测量仪表和继电保护装置。调压变压器主要用于电力拖动用电电源及试验变压器调压，也是实验室常用的变压器。特殊专用变压器，如冶炼用的电炉变压器、电解用的整流变压器、电焊用的电焊变压器以及电力系统中的消弧线圈等。

按相数分类，可分为单相变压器、三相变压器、多相变压器。

按每相绕组数目分类，可分为双绕组变压器、自耦变压器、三绕组变压器、多绕组变压器。

按调压方式分类，可分为无载（无励磁）调压变压器和有载调压变压器。

按冷却和绝缘介质分类，可分为油浸式变压器（见图 0-2）和干式变压器（见图 0-3）。油浸式变压器按冷却方式又分为油浸自冷式、油浸风冷式、强迫油循环风冷式、强迫油循环水冷式、强迫油循环导向风冷式等。干式变压器的绕组置于空气或 SF_6 气体中或浇注环氧树脂绝缘。

图 0-2　油浸式变压器

图 0-3　干式变压器

三、变压器常用材料

1. 导电材料

绕组是变压器的电路部分。电磁线广泛用在变压器的绕组上。电磁线分为漆包电磁线（俗称漆包线）、绕包电磁线（俗称绕包线）、无机绝缘电磁线和特种电磁线。

变压器绕组导线材料有铜导线和铝导线两种；按照导线形状可分为圆线和扁线；按照绝缘材料可分为纸包线、漆包线和绕包线；按导线组合方式可分为单根导线、组合导线和换位导线等。

2. 导磁材料

铁芯是变压器的磁路部分。变压器的铁芯通常采用硅钢片叠压而成。硅钢片具有较高的导磁性能，且铁芯损耗较小。硅钢片有冷轧和热轧两种，目前生产的变压器铁芯为冷轧硅钢片，冷轧硅钢片又分为取向和无取向两种。

取向冷轧硅钢片的磁性能具有明显的方向性，磁力线沿碾压方向通过时，单位损耗小，沿垂直碾压方向时导磁性能变坏；无取向冷轧硅钢片的方向性不明显，但其导磁性能比取向硅钢片差，稍优于热轧硅钢片。

3. 绝缘材料

用于绕组层间、匝间以及各相绕组之间或绕组与铁芯之间的绝缘，要求绝缘强度高、机械性能高、耐热性能好、化学稳定性好。变压器常用绝缘材料有：变压器油、绝缘纸板、电缆纸、电话纸、绝缘布带、绝缘管、层压布板、电瓷制品、环氧制品等。

绝缘材料除了应满足电气性能和机械性能要求外，耐热要求也十分重要。绝缘材料按照耐热程度不同，分为Y、A、E、B、F、H、C七个等级，见表0-1。一般油浸式变压器的绝缘属于A级，干式变压器的绝缘根据不同使用条件属于B级、F级或H级。

表0-1　　常用绝缘材料耐热等级

分类	耐热温度（℃）	对应等级耐热的绝缘材料
Y	90	未经过浸漆处理的棉纱、纸及丝等有机材料或其组合物组成的绝缘结构
A	105	浸在液体电介质中的棉纱、丝及纸等材料或其组合物组成的绝缘结构
E	120	合成的有机薄膜、合成的有机瓷器等材料或其组合物所组成的绝缘结构
B	130	合适的树脂黏合或浸渍、涂覆后的云母、玻璃纤维、石棉等，以及其他无机材料、合适的有机材料或其组合物所组成的绝缘结构
F	155	合适的树脂黏合或浸渍、涂覆后的云母、玻璃纤维、石棉等，以及其他无机材料、合适的有机材料或其组合物所组成的绝缘结构
H	180	合适的树脂黏合或浸渍、涂覆后的云母、玻璃纤维、石棉等材料或其组合物所组成的绝缘结构
C	≥180	合适的树脂黏合或浸渍、涂覆后的云母、石英等材料或其组合物所组成的绝缘结构

变压器的常用材料，除了导电材料、导磁材料、绝缘材料外，还有冷却材料和结构材料。冷却材料要求热容量大、导热能力强。变压器常采用的气体冷却材料是空气，常用的液体冷却材料是变压器油。结构材料要求材料的机械强度要高、加工方便，常用的结构材料包括钢板、槽钢、角钢等。

四、 变压器分析中常用定律

1. 电磁感应定律

电磁感应动画

变压器的基本工作原理是电磁感应定律。这是英国人迈克尔·法拉第于1831年发现的，因此又称为法拉第电磁感应定律。当通过一个匝数为N的线圈的磁通量随时间发生变化时，在线圈中就会感应电动势，这种现象称为电磁感应现象，此电动势称为感应电动势。感应电动势的数值与线圈匝链的磁通（即磁链Ψ）变化率成正比。感应电动势的方向由楞次定律确定，即对于一闭合线圈，感应电动势的方向趋于产生一电流，此电流的方向趋于抵消产生此感应电动势的磁通变化。如图0-4所示，规定电动势的正方向与磁通的正方向符合右手螺旋定则，当磁通Φ增加，即$\frac{\mathrm{d}\Phi}{\mathrm{d}t}>0$时，按楞次定律，此时$e$的实际方向与规定方向相反，所以$e<0$。显然，当磁通$\Phi$减小，即$\frac{\mathrm{d}\Phi}{\mathrm{d}t}<0$时，$e>0$。这就是说，$\frac{\mathrm{d}\Phi}{\mathrm{d}t}$与$e$总是符号相反。因此，感应电动势应表示成

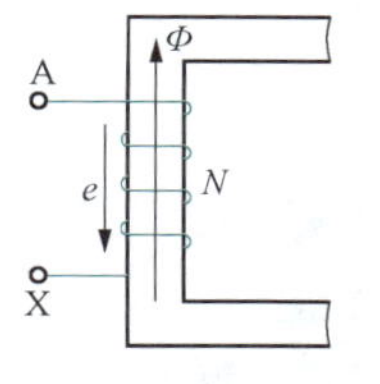

图0-4　感应电动势的正方向

$$e=-\frac{\mathrm{d}\Psi}{\mathrm{d}t}=-N\frac{\mathrm{d}\Phi}{\mathrm{d}t} \quad (0-1)$$

2. 磁路的欧姆定律

磁路中通过的磁通等于磁路的磁动势除以磁路的磁阻，即

$$\Phi=\frac{F}{R_{\mathrm{m}}}=\Lambda_{\mathrm{m}}F=\frac{NI}{\dfrac{l}{\mu S}} \tag{0-2}$$

式中　F——磁动势，$F=NI$，A；

R_{m}——磁阻，$R_{\mathrm{m}}=\dfrac{l}{\mu S}$，1/H；

Λ_{m}——磁导，H。

由式（0-2）可知，磁路的磁阻主要取决于磁路的几何尺寸和所用材料的磁导率。

对照电路的欧姆定律进行理解和记忆，见表0-2。

磁路和电路的对比

表0-2　磁路与电路的对比

电路的欧姆定律	磁路的欧姆定律
I, E, R, +, − $I=\dfrac{E}{R}=\dfrac{E}{\rho\dfrac{l}{S}}$	I, N, Φ $\Phi=\dfrac{F}{R_{\mathrm{m}}}=\dfrac{NI}{\dfrac{l}{\mu S}}$

五、铁磁材料的特性

变压器是利用线圈电流产生磁场，进行电磁感应、电磁功率转换和传递的。为了使较小的电流能产生较强的磁场，变压器中采用铁磁材料构成磁通的通路。铁磁材料包括铁、钴、镍以及它们的合金。

铁磁材料可分为软磁材料和硬磁材料两大类。剩磁较大的铁磁材料称为硬磁材料，也称为永磁材料；软磁材料剩磁小，且易磁化。变压器铁芯常采用的硅钢片就是软磁材料。

所有非铁磁材料的磁导率均接近真空磁导率 $\mu_0=4\pi\times10^{-7}$ H/m。铁磁材料的磁导率远大于非铁磁材料的磁导率，变压器中常用铁磁材料的磁导率为真空磁导率的2000～6000倍。

铁磁材料内部由许多排列杂乱的磁畴构成，在外磁场的作用下，铁磁材料内部的磁畴会重新排列，使得内部磁效应不能抵消，因而在宏观上对外显示磁性，此过程称为磁化，如图0-5所示。

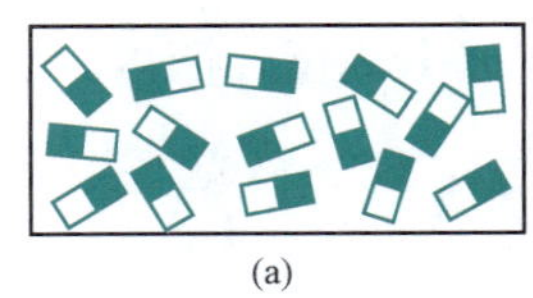

(a)

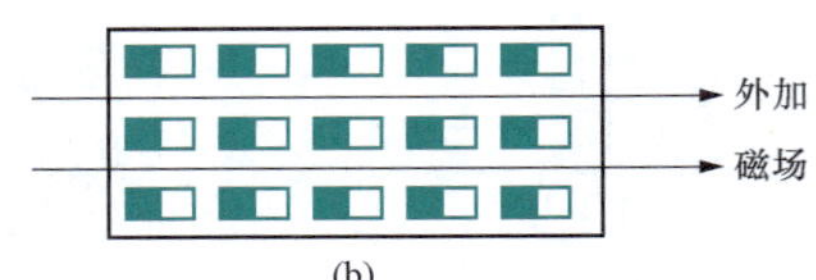

(b)

图0-5　磁化的过程

（a）磁化前；（b）完全磁化后

1. 铁磁材料的共同特性

（1）高导磁性。在一定的温度范围内，铁磁材料的磁导率很大，为真空磁导率的数千倍。换句话说，铁芯线圈产生的磁场远大于空心线圈产生的磁场。

（2）磁滞性和剩磁。铁磁物质在交变磁化过程中，磁化过程和去磁过程曲线不重合，磁感应强度 B 的变化总是滞后于磁场强度 H 的变化，铁磁材料的这种特点，称为磁滞现象，如图 0-6 所示。所以，当外磁场消失时，铁磁物质中仍保留剩磁。

（3）磁饱和性。铁磁物质中的磁感应强度不会随外磁场的增强而无限度增大。当外磁场的磁场强度 H 增大到一定数值时，磁感应强度 B 几乎不再随着增大，磁化达到饱和状态，如图 0-7 所示，c 点之后进入饱和区。

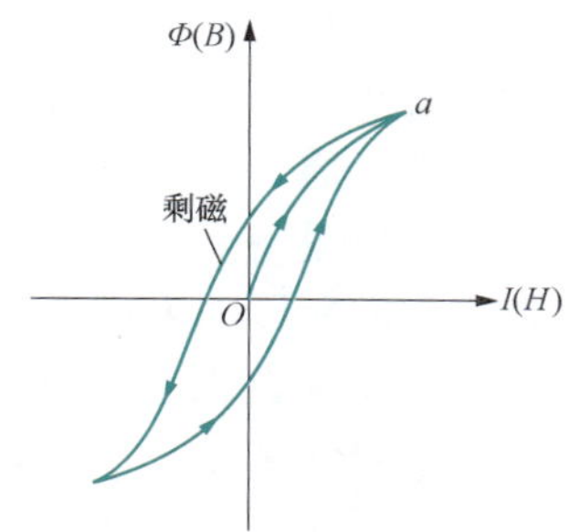

图 0-6　铁磁材料的磁滞回线

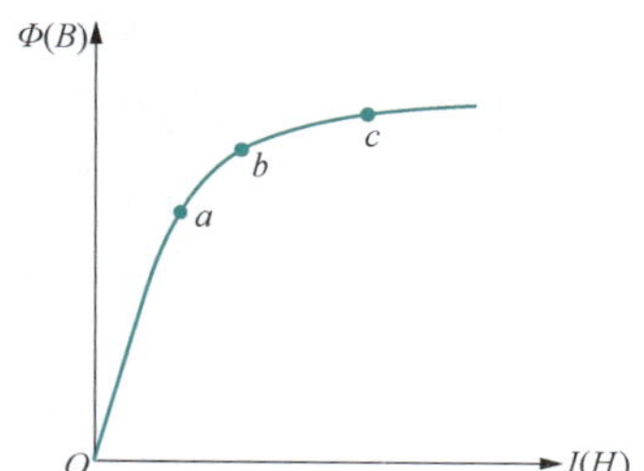

图 0-7　铁磁材料的磁化曲线

2. 铁磁材料的损耗

铁磁材料的损耗包括磁滞损耗和涡流损耗。

（1）磁滞损耗。铁磁材料在交变磁场作用下，正反两个方向交替磁化，材料内部的磁畴之间不停的相互摩擦，消耗功率，称为磁滞损耗。

磁滞损耗的大小与磁场交变频率、磁滞回线包围的面积大小及铁芯的体积成正比。

（2）涡流损耗。在交变磁场的作用下，铁芯中将产生感应电动势并产生许多闭合的旋涡状电流，称为涡流，如图 0-8 所示。涡流在铁芯中引起的损耗称为涡流损耗。

频率越高，涡流损耗越大。将铁芯做成相互绝缘的薄片，可以减小涡流损耗。提高铁芯材料的电阻率也可以减少涡流损耗，例如在铁芯中加入少量的硅，可以提高电阻率、减小涡流。

（3）铁损耗。铁芯中磁滞损耗和涡流损耗之和，称为铁损耗，用 p_{Fe} 表示。

对于一般的硅钢片，当磁性材料体积、厚度均为一定且在正常工作磁通密度范围内（$1T<B_m<1.8T$）时，铁损耗 p_{Fe} 可近似写成

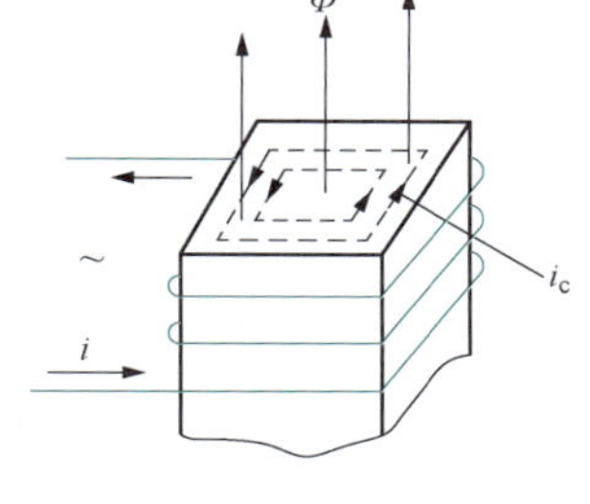

图 0-8　涡流损耗

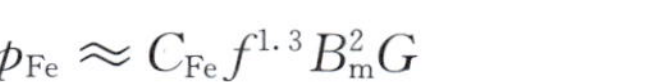

$$p_{Fe} \approx C_{Fe} f^{1.3} B_m^2 G \quad (0-3)$$

式中 C_{Fe}——铁损耗系数；

f——频率；

G——铁芯质量。

式（0-3）表明，铁损耗与磁通交变频率的1.3次方、磁通密度幅值的平方和铁芯质量成正比。

六、 课程学习建议

变压器是电力系统中的重要电气设备，变压器的安全可靠运行关乎整个电力系统的安全，这就要求从事变压器运维的工作人员具有很强的专业技能和理论水平。

变压器在实际运行中，内部既有复杂的电磁关系，同时运行中又伴随着发热、振动等情况。这就要求学生在学习时既要有实践体验，又要有思考探索。变压器运行与检修课程内容主要包括变压器的基础理论、变压器的运行分析、变压器的检修三部分，课程的任务是使学生掌握变压器的基本结构、工作原理和运行性能，通过电气试验判断变压器性能并能够分析判断变压器设备常见故障，培养学生对变压器设备维修的实际能力。

本教材的教学内容与职业能力培养紧密联系，从实际应用的角度出发进行了内容的整合改造，采用以实用技术为主，理论与实践相结合的理念进行项目化的教与学。建议采用“做中学、做中教”模式，以任务驱动为载体，按照学生对变压器的认知程度和认知规律来教与学。学习变压器的运行分析，主要借助试验装置，通过试验操作、分析试验数据，直观得出变压器运行特点及规律。学习变压器的检修，主要借助待检修配电变压器，通过拆解、检修、试验、回装，完整学习变压器检修流程。在任务完成过程中强化学生实践能力、操作技能、创新精神和职业素质的培养。

建议课前学生根据问题引入，了解任务目的，学习预习内容；课上老师说明操作注意事项，学生先动手实践，发现问题、思考问题，之后带着问题学习相关知识和技能；课后可通过习题检验学习效果。任务实施过程中，学生需要组建小组并明确个人分工，以保证操作协调、数据准确可靠。

鉴于变压器内部复杂的电磁关系，配套制作了形象直观的动画和微课，可以扫描二维码进行学习。另外，检修和实际操作部分也制作了相关微课供参考学习。可在课程资源库网址 https：//www. xueyinonline. com/中，搜索“变压器运行与检修”，加入课程即可免费学习。

项目1

单相变压器的运行

任务 1.1 单相变压器的空载运行

问题引入

结合身边的充电器，提出问题：在充电器接通电源的情况下不变充电设备，这就相当于变压器的空载运行状态，此时，充电器内部有电流流过吗？输出电压为零吗？内部有损耗吗？此时的充电器接在电源上，对电网有什么影响？

任务描述

通过实验体验，熟悉实验装置使用方法；通过探究实验，理解变压器原理；学生分组完成变压器的空载运行实验，总结变压器空载运行的特点。

学习目标

（1）认识电机综合实验装置，学会变压器空载运行的简易接线并能够通电运行。

（2）理解变压器的工作原理。

（3）掌握单相变压器的结构特点。

（4）掌握变压器空载运行的特点。

（5）会计算变压器的变比、空载电流百分比。

预习内容

一、单相变压器的用途

变压器是根据电磁感应原理，把一种电压等级的交流电能变换为同频率的另一种电压等级的交流电能的静止电气设备。单相变压器用途很广泛，例如用在充电器、电视机电路中的微型变压器，电子电路功放输出匹配变压器等，这些变压器容量很小。此外还有大容量单相电力变压器、高电压试验变压器等。

二、单相变压器的基本结构

普通单相变压器的基本结构是铁芯和绕组，通常还有一些附件。铁芯形状各有不同，但是一定构成闭合的磁路。铁芯采用高导磁的软磁材料，一般使用硅钢片。变压器的结构示意图如图 1-1 所示，铁芯柱上套有两个独立的绕组，绕组一般使用绝缘铜线

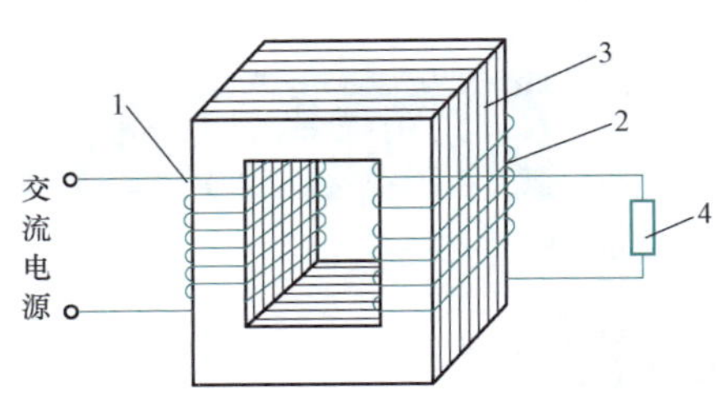

图 1 - 1　变压器的结构示意图

1—一次绕组；2—二次绕组；3—铁芯；4—负载

或铝线绕制，两个绕组一般匝数不等，线径也有差别。两个绕组分别和不同侧的电路连接，接电源的一侧称为一次侧或一次绕组；接负载的一侧称为二次侧或二次绕组。

单相变压器铭牌上一般会标注额定容量 S_N、额定电压 U_{1N}/U_{2N} 及额定电流 I_{1N}/I_{2N}。额定容量为视在功率，单位为 VA 或 kVA；额定电压 U_{1N} 指的是额定运行时加在一次绕组的电压，U_{2N} 指的是一次绕组接额定电压、二次绕组空载时的电压，单位为 V 或 kV；额定电流 I_{1N}/I_{2N} 指的是变压器额定运行时一、二次绕组的电流，单位为 A。对于双绕组变压器，一、二次绕组的额定容量设计值相同，即

$$S_N = U_{1N}I_{1N} = U_{2N}I_{2N} \tag{1 - 1}$$

变压器的空载运行指的是一次绕组加上交流电压，二次绕组开路的运行方式。空载运行是变压器最简单的运行方式，也是分析变压器的基础。

子任务 1.1.1　降压变压器的空载运行

降压变压器的空载运行指的是高压绕组接电源，低压绕组空载运行的状态。

实验设备认知及使用注意事项

体验实验

1. 单相变压器的空载试运行

首先认识电机综合试验装置，找到装置中的变压器、交流电源、电压表、电流表，抄录变压器铭牌数据，分清变压器高压绕组和低压绕组及其对应端子。借助综合试验装置，按照图 1 - 2 接线，高压侧接通单相交流电源，调节电源电压大小，观察变压器两侧电压之间的关系。

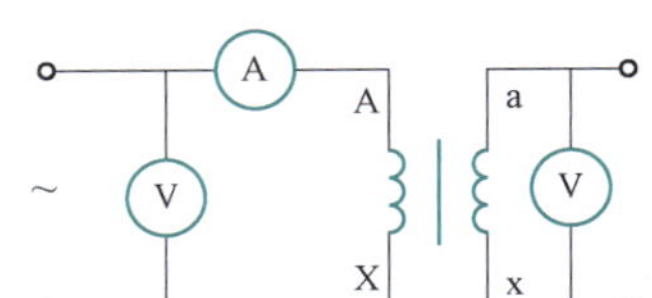

图 1 - 2　单相变压器空载试运行接线图

2. 操作要点及注意事项

检查调压器是否在零位、接线及仪表量程是否正确，合闸送电，缓慢调节调压器升压，观察试验现象，记录试验数据。观察及记录完毕，将调压器调至零位，切断电源。

3. 小组讨论

两个绕组互不相连，给一次侧加交流电压，二次侧有电压吗？电源电压变化时，观察到什么现象？

相关知识学习

下面学习变压器的工作原理。

如图 1 - 3 所示，变压器一般具有两个绕组，套装在同一铁芯上，两个绕组分别与电源和负载相连。一次绕组外加一定频率的正弦交流电压 u_1，产生同频正弦交流电流 i_1，于是就产生正弦交变磁场，大多数磁力线沿导磁性能好的铁芯闭合，称为主磁通 Φ，其频率与电源电压频率相同。铁芯中的交变磁通 Φ 穿过一、二次绕组形成交链，设两绕组的匝数分别为 N_1、N_2，根据电磁感应定律，一、二次绕组中分别产生同频率的正弦感应电动势

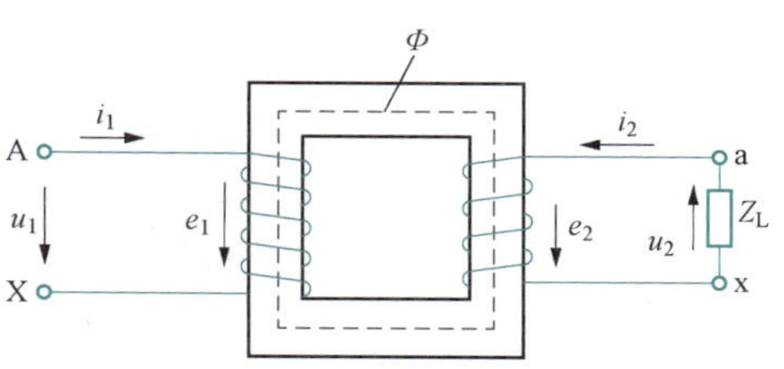

图 1 - 3　变压器的原理示意图

$$\left.\begin{aligned} e_1 &= -N_1\frac{\mathrm{d}\Phi}{\mathrm{d}t} \\ e_2 &= -N_2\frac{\mathrm{d}\Phi}{\mathrm{d}t} \end{aligned}\right\} \tag{1 - 2}$$

式中　$\frac{\mathrm{d}\Phi}{\mathrm{d}t}$——铁芯中磁通变化率；

N_1——一次绕组匝数；

N_2——二次绕组匝数。

由电磁感应定律可知，磁通 Φ 在一、二次绕组的每一匝中感应电动势是相等的。一、二次的感应电动势大小与其绕组的匝数成正比。将 e_2 引出即得到变压器的输出电压 u_2，接上负载将有电流 i_2 通过，二次绕组输出功率，达到由电源经变压器传递电能的目的。一、二次电动势之比近似等于一、二次电压之比，因此，只要改变一、二次绕组的匝数比，就可达到改变输出电压的目的。若 $N_1>N_2$，则为降压变压器；若 $N_1<N_2$，则为升压变压器。

任务实施

1. 单相降压变压器的空载运行

在图 1 - 2 的基础上，加上功率表，按图 1 - 4 接线，给高压绕组接通单相交流电源，探究单相降压变压器空载运行的特点。说明：由于变压器空载运行，电流表测试数据为空载电流 I_0，功率表测试数据为空载损耗 p_0。

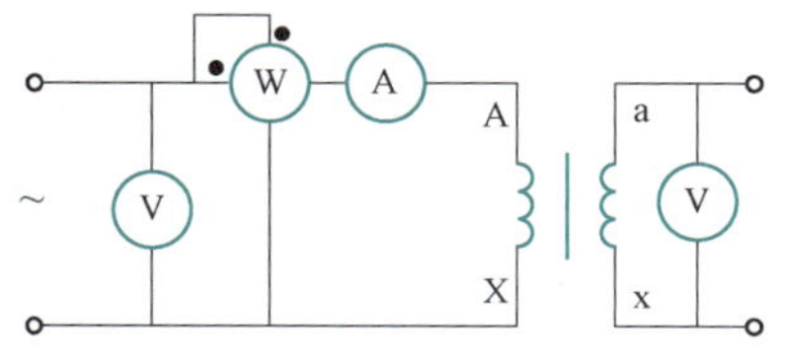

图 1 - 4　降压变压器的空载运行接线图

2. 操作要点及注意事项

检查接线是否正确、调压器是否在零位、仪表量程是否正确，合闸送电，缓慢调节调压器升压，观察实验现象并记录数据。数据记录完毕，将调压器调至零位，切断电源。

3. 数据记录

将试验数据记于表 1 - 1 中。

表 1-1　　降压变压器的空载运行数据记录

U_1 (V)					
U_2 (V)					
I_0 (A)					
$I_0\%$					
p_0 (W)					
$\cos\varphi_0$					

4. 小组讨论

(1) 变压器空载运行时，一次侧有电流吗？二次侧有电流吗？

(2) 变压器空载时的功率主要为内部损耗，主要为铁损耗还是铜损耗？

(3) 变压器空载时的功率因数有何特点？

(4) 改变一次绕组的匝数（实验装置可实现抽头位置的改变）对二次电压有何影响？请实验验证。

相关知识学习

一、 变压器空载运行的物理状况

如图 1-5 所示，变压器空载运行时，一次绕组接入交流额定电压 $\dot{U}_1$ ，便有空载电流 $\dot{I}_0$ 流过。空载电流建立空载磁动势 $\dot{F}_0$ ，该磁动势产生空载磁通。为研究问题方便，将磁通分为两部分，一部分磁通 $\dot{\Phi}_0$ 沿铁芯闭合，同时交链一、二次绕组，称为主磁通；另一部分磁通 $\dot{\Phi}_{1\sigma}$ 主要沿非铁磁材料（变压器油或空气）闭合，仅与一次绕组交链，称为一次绕组漏磁通。根据电磁感应定律，交变主磁通分别在一、二次绕组感应出电动势 $\dot{E}_1$ 和 $\dot{E}_2$ ，漏磁通在一次绕组感应出漏电动势 $\dot{E}_{1\sigma}$ 。此外，空载电流还在一次绕组上产生一很小的电阻压降 $\dot{I}_0 r_1$ 。归纳起来，变压器空载运行时，各物理量之间的关系为

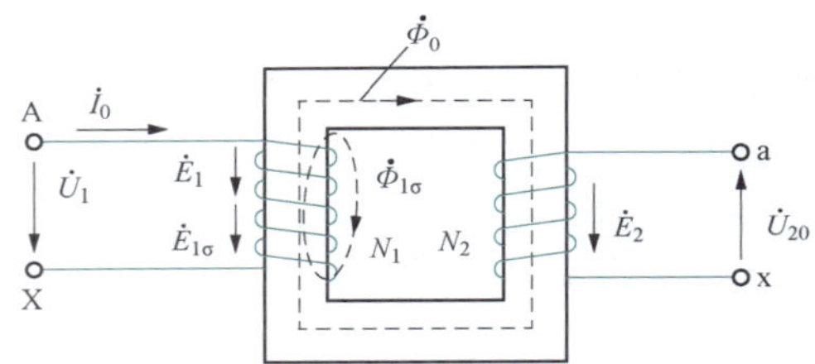

图 1-5　单相变压器的空载运行原理图

$$\dot{U}_1 \to \dot{I}_0 \to \dot{F}_0=\dot{I}_0 N_1 \to \begin{cases} \dot{\Phi}_0 \to \begin{cases} \dot{E}_1 \\ \dot{E}_2 \end{cases} \\ \dot{\Phi}_{1\sigma} \to \dot{E}_{1\sigma} \end{cases}$$

$$\dot{I}_0 \to \dot{I}_0 r_1$$

二、 感应电动势和变比

1. 一、二次绕组的感应电动势

磁通与感应电动势的关系

给一次侧绕组加一定有效值的正弦交流电压时，一次侧匝数一定，则励磁电流产生的交变磁通的幅值也就一定，这可以通过下列推导可知。

设主磁通按正弦规律变化，即 $\dot{\Phi}_0=\Phi_m \sin\omega t$ ，则一、二次绕

组中的感应电动势分别为

$$\left.\begin{aligned}e_1 &= -N_1\frac{\mathrm{d}\Phi_0}{\mathrm{d}t} = -N_1\omega\Phi_\mathrm{m}\cos\omega t = N_1\omega\Phi_\mathrm{m}\sin(\omega t-90^\circ)\\ e_2 &= -N_2\frac{\mathrm{d}\Phi_0}{\mathrm{d}t} = -N_2\omega\Phi_\mathrm{m}\cos\omega t = N_2\omega\Phi_\mathrm{m}\sin(\omega t-90^\circ)\end{aligned}\right\} \tag{1-3}$$

感应电动势的有效值为

$$\left.\begin{aligned}E_1 &= \frac{N_1\omega\Phi_\mathrm{m}}{\sqrt{2}} = \frac{2\pi}{\sqrt{2}}fN_1\Phi_\mathrm{m} = 4.44fN_1\Phi_\mathrm{m}\\ E_2 &= \frac{N_2\omega\Phi_\mathrm{m}}{\sqrt{2}} = \frac{2\pi}{\sqrt{2}}fN_2\Phi_\mathrm{m} = 4.44fN_2\Phi_\mathrm{m}\end{aligned}\right\} \tag{1-4}$$

把一、二次绕组电动势 $\dot{E}_1$ 、$\dot{E}_2$ 与主磁通幅值 $\dot{\Phi}_\mathrm{m}$ 的关系用复数形式表示为

$$\left.\begin{aligned}\dot{E}_1 &= -\mathrm{j}4.44fN_1\dot{\Phi}_\mathrm{m}\\ \dot{E}_2 &= -\mathrm{j}4.44fN_2\dot{\Phi}_\mathrm{m}\end{aligned}\right\} \tag{1-5}$$

式中　N_1、N_2——一、二次绕组的匝数；

E_1、E_2——一、二次绕组感应电动势有效值，V；

Φ_m——主磁通最大值，Wb；

ω——角频率，rad/s；

f——频率，Hz。

由此可知，感应电动势有效值的大小与频率、绕组匝数及主磁通幅值成正比，感应电动势的频率与主磁通频率相同，其相位滞后主磁通 90°。

根据 $U_1 \approx E_1 = 4.44fN_1\Phi_\mathrm{m}$ ，还可以归纳出以下结论：对于制造好的变压器，当频率不变时，主磁通的幅值大小与外加电压成正比；若外施电压不变，则主磁通幅值基本不变。

2. 一次绕组的漏电动势和漏电抗

同一、二次绕组感应电动势的推导过程一样，漏磁通产生的漏电动势可表示为

$$E_{1\sigma} = \frac{N_1\omega\Phi_{1\sigma\mathrm{m}}}{\sqrt{2}} = \frac{2\pi}{\sqrt{2}}fN_1\Phi_{1\sigma\mathrm{m}} = 4.44fN_1\Phi_{1\sigma\mathrm{m}} \tag{1-6}$$

考虑到漏磁场是通过非铁磁材料闭合的，磁路不存在磁饱和现象，是线性磁路，也就是说，在空载电流与一次漏电动势之间存在着线性关系。因此，漏电动势用另一种方法来表述，即

$$\left.\begin{aligned}E_{1\sigma} &= \frac{N_1\omega\Phi_{1\sigma\mathrm{m}}I_0}{\sqrt{2}I_0} = \omega L_{1\sigma}I_0 = x_1I_0\\ L_{1\sigma} &= \frac{N_1\Phi_{1\sigma\mathrm{m}}}{\sqrt{2}I_0}\\ x_1 &= \omega L_{1\sigma}\end{aligned}\right\} \tag{1-7}$$

式中　$L_{1\sigma}$——一次绕组漏电感；

x_1——一次绕组漏电抗。

以上分析表明，漏电动势可以看成是空载电流流过一次侧电路的漏电抗产生的电压

降，漏电抗的大小等于单位电流产生的漏电动势大小。漏电抗是反映一次侧漏磁场对一次侧电路影响大小程度的一个参数，漏电抗 x_1 越大，说明单位电流流过一次绕组产生的漏磁通越多，漏磁场越强，对一次侧电路的影响越大。反之亦然。

继续推导，可得出漏电抗与影响其变化的因素间的关系

$$x_1 = \omega L_{1\sigma} = 2\pi f N_1 \Phi_{1\sigma m}/(\sqrt{2}I_0) = 2\pi f N_1 \frac{N_1 I_0/R_m}{I_0} = 2\pi f \frac{N_1^2}{R_m} \tag{1-8}$$

由于漏磁路主要由非铁磁材料（空气或油等）构成，不会出现饱和现象，磁阻 R_m 为常数，因此当电源频率 f 和匝数 N_1 确定后，漏电抗 x_1 为常数。

变压器的变比

3. 变比

在变压器中，高、低压绕组感应电动势之比称为变压器的变比，用 k 表示，即

$$k = \frac{E_1}{E_2} = \frac{N_1}{N_2} \approx \frac{U_1}{U_2} \tag{1-9}$$

需要注意的是，在三相变压器中，变比指的是相电动势（相电压）之比。

三、 空载电流

一次侧加额定电压、二次侧开路（空载）时，只有一次侧存在很小的电流，称为空载电流，主要作用是建立主磁通，所以又称励磁电流。下面对空载电流的大小、相位和波形进行说明。

1. 空载电流的大小和相位

空载电流可看成由两部分组成：一部分是磁化分量 $\dot{I}_\mu$，它的作用是产生主磁通，是空载电流的无功分量，它与主磁通同相位；另一部分是铁损耗分量 $\dot{I}_{Fe}$，是空载电流的有功分量。空载电流的构成可通过相量图来说明，如图 1-6 所示。

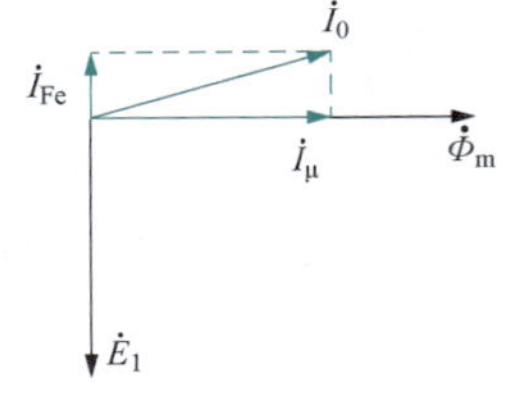

图 1-6　空载电流相量图

空载电流的大小除取决于外加电压、原绕组匝数外，还取决于铁芯材料的性质、尺寸及饱和程度。由于变压器的铁芯都是用导磁性能良好的硅钢片叠成的，铁芯的磁阻很小，建立磁通所需的空载电流也很小，小型变压器的空载电流一般为额定电流的 1%～10%。变压器的容量越大，空载电流的百分数越小。大中型变压器的空载电流百分比甚至低于 1%。

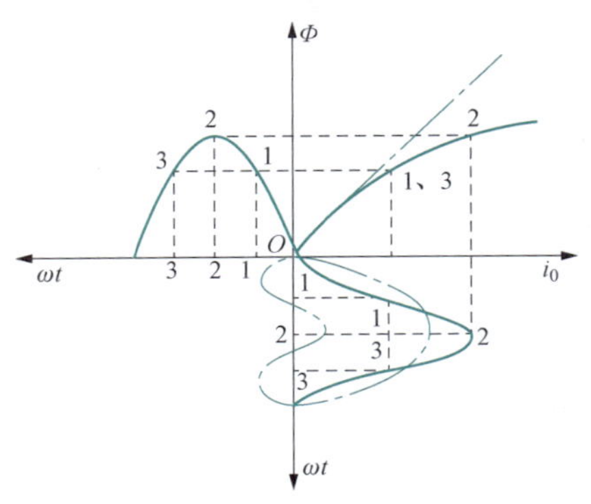

图 1-7　磁路饱和时的空载电流波形

2. 空载电流的波形

空载电流的波形与铁芯饱和程度有关，铁芯饱和程度与外加电压幅值有关。铁芯处于未饱和状态时，励磁电流与磁通成正比，当外加电压为正弦波形时，铁芯中的磁通也为正弦波形，故励磁电流为正弦波形。实际上，为了充分利用铁芯材料，在额定电压下工作时，电力变压器铁芯总是接近饱和状态。利用非线性的铁芯磁化曲线，可用图解法求得励磁电流的曲线，如图 1-7 所示，当主磁通按正弦规律变化时，励磁电流为尖

顶波。根据谐波分析，尖顶波的励磁电流中，包含着显著的 3 次谐波电流分量，铁芯的饱和程度愈厉害，3 次谐波分量越大，波形就尖得越厉害。

在工程上，为了便于分析、测量和计算，通常用等效正弦波空载电流代替实际的尖顶波空载电流。

四、 空载损耗

变压器的损耗主要有铁损耗和铜损耗两种。铁损耗主要为磁滞损耗和涡流损耗，其大小与外加电压大小有关，而与负载大小基本无关，故也称为不变损耗。铜损耗是电流在一、二次绕组直流电阻上的损耗，其大小与负载电流二次方成正比，故也称为可变损耗。由于空载运行时空载电流很小，绕组电阻也很小，所以铜损耗较小可忽略，空载损耗主要是铁损耗。

空载电流

空载损耗是变压器的一个重要性能数据。一般，电力变压器的空载损耗占额定容量的 0.2%～1%。空载损耗的百分比随变压器容量的增大而降低。

五、 电动势平衡方程式和空载等效电路

1. 电动势平衡方程式

按照图 1 - 5 中各物理量的正方向，根据基尔霍夫第二定律，可得

$$\left.\begin{aligned}\dot{U}_1 &= -\dot{E}_1 - \dot{E}_{1\sigma} + \dot{I}_0 r_1 = -\dot{E}_1 + \dot{I}_0 r_1 + \mathrm{j}\dot{I}_0 x_1 = -\dot{E}_1 + \dot{I}_0 Z_1 \\ Z_1 &= r_1 + \mathrm{j}x_1\end{aligned}\right\} \tag{1 - 10}$$

式中　Z_1——一次绕组漏阻抗，常数。

r_1——一次绕组电阻；

x_1——一次漏电抗，与一次漏磁通对应的电抗。

由于电力变压器一次绕组的漏阻抗很小，因此空载电流所引起的漏阻抗压降也很小。故在分析变压器的空载运行时，漏阻抗压降可忽略不计，则

$$\dot{U}_1 \approx -\dot{E}_1 \tag{1 - 11}$$

式（1 - 11）表明，$\dot{E}_1$ 是个反电动势，它与 $\dot{U}_1$ 大小基本相等、方向相反。换句话说，一次侧产生的感应电动势抵消了绝大部分的外加电压，变压器的漏阻抗电压是很小的。

同理，二次侧按照图 1 - 5 中各物理量的正方向，根据基尔霍夫第二定律，可得

$$\dot{U}_{20} = \dot{E}_2 \tag{1 - 12}$$

式（1 - 12）表明，二次侧空载电压等于二次侧感应电动势。

2. 等效电路

在变压器中，既有电路问题，也有磁路问题，且相互联系。为了简化变压器的分析和计算，将这种电磁相互交织的关系用纯电路形式表示出来，即等效电路。变压器空载时的等效电路如图 1 - 8 所示。

类似于一次绕组漏电抗的引入，对变压器主磁通感应的反电动势 $\dot{E}_1$ 的作用，也可以引入一个参数来表示。考虑到主磁通在铁芯中会引起铁损耗，故不能单纯地引入一个电抗，而应引入一个阻抗 Z_m 把 $\dot{E}_1$ 和 $\dot{I}_0$ 联系起来，即把 $\dot{E}_1$ 的作用看成是空载电流流过

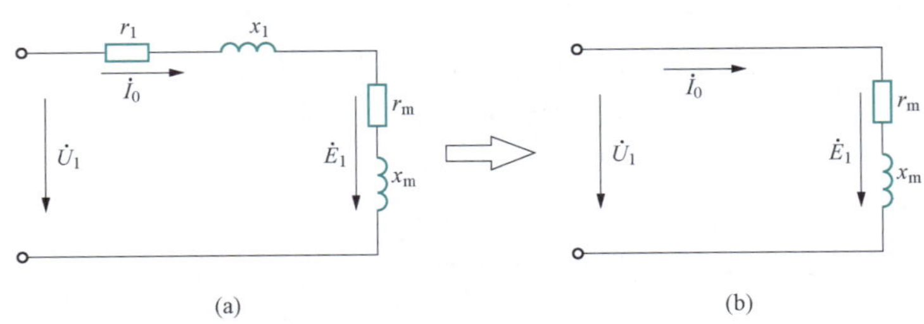

图 1-8 变压器空载运行时的等效电路

(a) 空载等效电路；(b) 忽略漏阻抗的空载等效电路

Z_m产生的电压降，于是有

$$-\dot{E}_1 = \dot{I}_0 Z_m = \dot{I}_0(r_m + jx_m) \tag{1-13}$$

式中 Z_m——励磁阻抗，$Z_m = r_m + jx_m$；

r_m——励磁电阻，是对应于铁损耗的等效电阻；

x_m——励磁电抗，是对应于主磁通的等效电抗。

需要说明的是，励磁电抗 x_m 大小会随着铁芯饱和程度变化。这是因为励磁电抗是对应于主磁通的电抗，主磁通沿铁芯闭合，磁路的磁阻会随着铁芯饱和程度的不同而发生变化。

变压器在空载运行时，一次漏阻抗 Z_1 比励磁阻抗 Z_m 小得多，可以忽略，如图 1-8（b）所示。

3. 相量图

根据电动势平衡方程式，可作出变压器空载运行时的相量图，如图 1-9 所示。通过相量图可以看出，空载运行时，$\dot{U}_1$ 与 $\dot{I}_0$ 的夹角接近 90°，所以空载时功率因数很低。

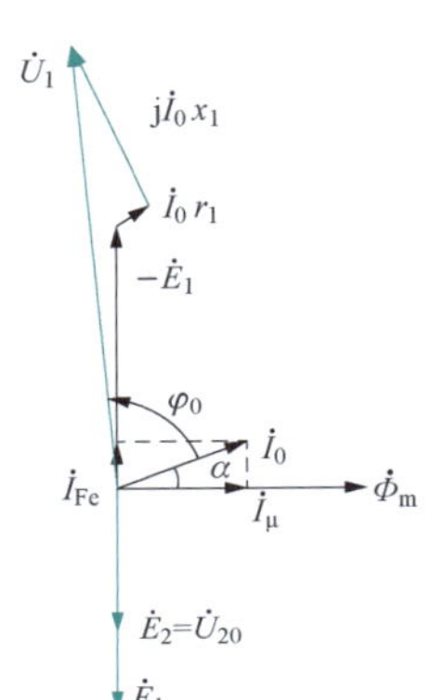

图 1-9 变压器空载运行时的相量图

思考与练习

诗说变压器

1. 如何通过匝数的多少、导线的粗细、电阻的大小来辨别变压器的高、低压绕组？

2. 高压绕组和一次绕组是一个概念吗？

3. 变压器的额定容量是以什么功率标称的？查阅资料，当前我国制造的最大容量的电力变压器容量是多少？

4. 变压器可以变换频率吗？

5. 变压器空载运行时电压为额定电压，空载电流为什么很小？

6. 变压器运行时，如果去掉铁芯会怎样？

7. 变压器空载运行时，功率因数为什么很低？

8. 电力变压器有哪些常见的类型？

9. 画出变压器的基本工作原理示意图，简述变压器的工作原理。

10. 变压器的主磁通和漏磁通有何不同？在等效电路中如何体现？

11. 变压器空载运行时有损耗吗？结合实际，谈谈充电器使用时如何做到节能？

子任务 1.1.2　升压变压器的空载运行

同一台变压器，既可以降压运行，也可以升压运行。变压器低压绕组接电源，高压绕组开路即为升压变压器的空载运行。

探究实验

1. 实验原理

采用子任务 1.1.1 中的同一台变压器，在低压侧通入交流电源，高压侧开路，接线如图 1 - 10 所示。观察现象，记录数据，与表 1 - 1 数据进行对比，从而发现规律。

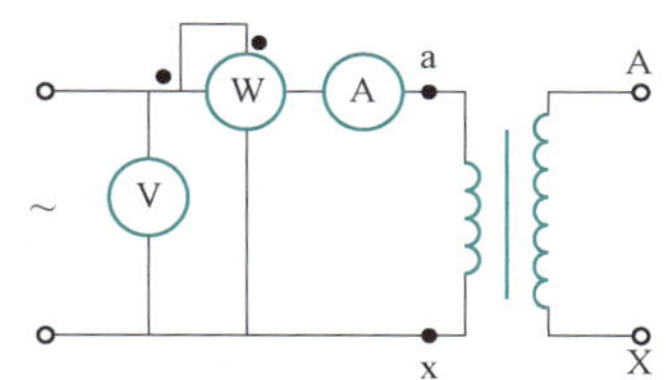

图 1 - 10　升压变压器空载运行接线图

2. 操作要点及注意事项

检查接线是否正确、调压器是否在零位、仪表量程是否正确，合闸送电，缓慢调节调压器升压，观察实验现象并记录数据。数据记录完毕，将调压器调至零位，切断实验电源。

3. 数据记录

将实验数据记录在表 1 - 2 中。

表 1 - 2　升压变压器的空载试验实验数据记录

U_1(V)					
U_2(V)					
I_0(A)					
I_0%					
p_0(W)					

4. 小组讨论

通过与表 1 - 1 数据对比，可得出哪些结论？同一台变压器，在高压侧接电源和在低压侧接电源相比，哪些物理量不发生变化？哪些物理量发生了变化？有什么规律？

相关知识学习

下面学习变压器的折算。

变压器的折算

变压器工作时，一次侧与电源相连，二次侧与负载相连，两侧虽然有磁路上的联系，但两侧电路相互独立，没有电的直接连接，这样不便于进行变压器的分析与计算，因此，必须进行处理，以便将变压器一、二次侧电路连接起来并进行简化定量分析。

变压器折算法就是将变压器某一侧物理量和参数值折算到另一侧，使电路连接起来，通常的方法是把实际变压器的一、二次绕组的匝数变换为同一匝数，便于计算和分析。在电力变压器中，大多数是将二次侧折算到一次侧，即假想一个与一次绕组匝数相同的二次绕组替代原来的二次绕组，折算后的各物理量和参数称为折算值，在各自代表符号右上角加“′”来表示。但折算不能改变变压器的电磁关系，因此有以下的折算原则：折算前后的磁动势和各种功率、损耗均保持不变，即变压器折算前后的电磁关系不变。只有这样，才能使折算前后变压器的主磁通、漏磁通的数量和空间分布保持不变，才能使一次侧从电源中吸取同样大小的功率并传递到二次侧，即折算对一次侧各物理量将毫无影响，因而不会改变变压器的电磁关系。

1. 电动势的折算

折算时，假想二次绕组匝数提高 k 倍，使 $N'_2=N_1$，E_2因此提高 k 倍，则经折算后的二次电动势为

$$E'_2 = kE_2 = E_1 \tag{1-14}$$

2. 电流的折算

根据折算前后磁动势不变的原则，可得

$$\left.\begin{aligned} I_2N_2 &= I'_2N'_2 = I'_2N_1 \\ I'_2 &= \frac{N_2}{N_1}I_2 = \frac{1}{k}I_2 \end{aligned}\right\} \tag{1-15}$$

3. 电压的折算

根据折算前后功率不变的原则，可得

$$\left.\begin{aligned} U'_2I'_2 &= U_2I_2 \\ U'_2 &= \frac{I_2}{I'_2}U_2 = kU_2 \end{aligned}\right\} \tag{1-16}$$

4. 电阻、电抗、阻抗的折算

根据折算前后损耗不变的原则，可得

$$\left.\begin{aligned} I'^2_2r'_2 &= I^2_2r_2 \\ r'_2 &= \left(\frac{I_2}{I'_2}\right)^2 r_2 = k^2r_2 \end{aligned}\right\} \tag{1-17}$$

根据折算前后无功功率不变的原则，可得

$$\left.\begin{aligned} I'^2_2x'_2 &= I^2_2x_2 \\ x'_2 &= \left(\frac{I_2}{I'_2}\right)^2 x_2 = k^2x_2 \end{aligned}\right\} \tag{1-18}$$

阻抗的折算值为

$$Z'_2 = r'_2 + \mathrm{j}x'_2 = k^2(r_2 + \mathrm{j}x_2) = k^2Z \tag{1-19}$$

综上所述，将二次侧各物理量折算到一次侧时，凡以 A 为单位的物理量用其实际值除以变比 k，以 V 为单位的物理量用其实际值乘变比 k，而以 Ω 为单位的参数均应乘 k^2。

1. 有一台变压器一次侧接在 50Hz、380V 的电源上时，二次侧输出的电压是 36V。

若把它的一次侧接在60Hz、380V的电源上，则二次侧输出的电压是多少？输出电压的频率是多少？

2. 一台2kVA、400/100V的单相变压器，低压侧加100V，高压侧开路，测得I_0=2A，p_0=20W。当高压侧加400V，低压侧开路，测得I_0和p_0分别为多少？

任务 1.2 单相变压器的负载运行

问题引入

变压器运行时，一次侧电源电压保持不变，通过改变二次侧负载的大小及性质，探究二次电压是否发生变化？如果变化，是什么原因导致的？又有哪些变化规律？一、二次电流之间又是什么关系？

任务描述

学生设计负载试验电路图，制订操作计划，老师审核后，学生分组完成变压器的负载运行试验，通过试验数据和试验现象总结变压器负载运行的特点，理解磁动势平衡和外特性曲线。

学习目标

（1）能够根据任务要求完成变压器负载运行的接线及操作计划的制订。

（2）能够根据实验数据描绘出变压器的外特性曲线，并理解曲线的意义。

（3）掌握变压器的等效电路及各参数的物理意义。

（4）理解变压器的磁动势平衡关系。

预习内容

下面学习负载的大小和性质。

负载的大小和性质

电力系统中的负载指的是用电设备。负载的大小一般指功率的大小，负载消耗的功率越多，就代表负载越大。

按照负载性质不同，分为电阻性负载、感性负载、容性负载。

流过电阻性负载的电流与电压相位相同。电阻性负载是耗能元件，消耗有功功率，将电能转换为热能、光能、机械能等，如电阻丝、电热器等。

流过感性负载的电流滞后电压。感性负载吸收系统的感性无功功率建立磁场，如异步电动机等。

流过容性负载的电流超前电压。电容负载吸收系统中的容性无功功率，如电容器等。

子任务 1.2.1 单相变压器带电阻性负载运行

变压器一次绕组接额定交流电源，二次绕组带负载的工作状态，称为变压器的负载运行。负载运行是变压器的主要工作状态。

任务实施

1. 实验原理

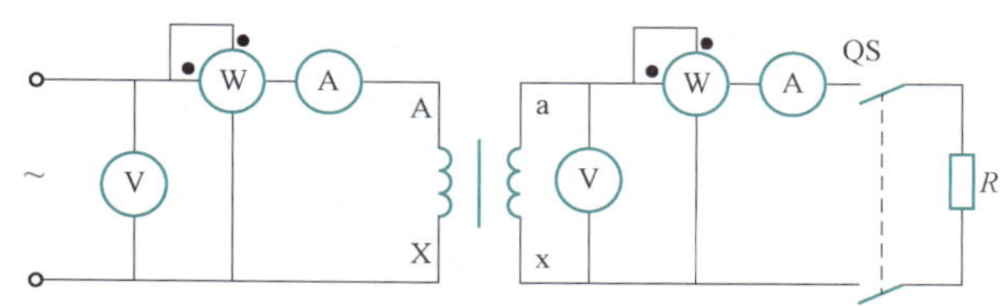

图 1 - 11　单相变压器带电阻性负载电路图

对任务 1.1 的空载试验，如果在变压器二次绕组两端接上负载，则在电动势 e_2 的作用下，二次绕组中将通过电流 i_2，负载得到交流电能，实现电能从一次到二次的传递。如图 1 - 11 所示，接入的是电阻性负载，一、二次分别接入功率表、电压表和电流表，观察并记录阻性负载改变对变压器一、二次各物理量的影响。

2. 操作要点及注意事项

检查接线是否正确、调压器是否在零位、仪表量程是否正确，合闸送电，缓慢调节调压器，升压至额定电压，记录空载运行数据。确认电阻值已调至最大，闭合开关并逐步减小电阻值（使 $I_2=I_{2N}$ 为止），观察实验现象并记录数据。数据记录完毕，将电阻值调至最大，断开开关，将调压器调至零位，切断试验电源。

3. 数据记录

将实验数据记录在表 1 - 3 中。

表 1 - 3　　单相变压器带电阻性负载运行数据记录

电阻性负载	U_1(V)	I_1(A)	P_1(W)	$\cos\varphi_1$	U_2(V)	I_2(A)	P_2(W)	$\cos\varphi_2$
空载								
负载 1								
负载 2								
负载 3								

4. 小组讨论

（1）变压器带负载运行时，两侧的功率之间是什么关系？

（2）变压器带阻性负载时，随着负载的增大，二次电压如何变化？

（3）变压器带负载运行时，两侧的电流之间是什么关系？

（4）功率因数是由什么决定的？

相关知识学习

一、变压器负载运行的物理过程

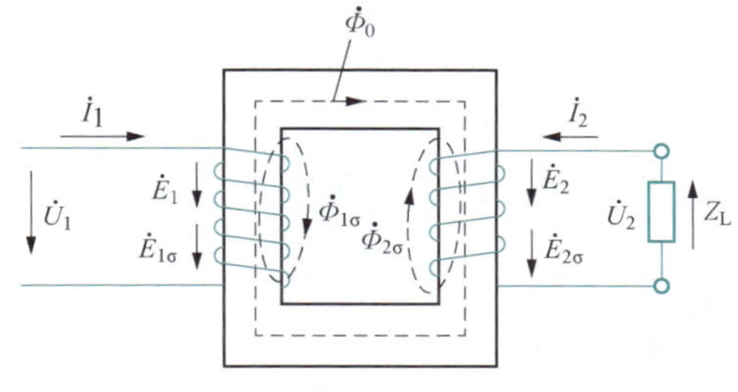

图 1 - 12　变压器负载运行时的原理图

图 1 - 12 是单相变压器负载运行时的原理图。变压器负载运行时，二次侧流过电流 $\dot{I}_2$，产生二次磁动势 $\dot{F}_2=\dot{I}_2N_2$。这个磁动势也作用在铁芯主磁路上，根据楞次定律，$\dot{F}_2$ 对主磁场的作用是企图改变主磁通 $\dot{\Phi}_0$。由于电源电压 $\dot{U}_1$ 不变，则主磁通 $\dot{\Phi}_0$ 可看作

基本不变。则当 $\dot{F}_2$ 存在时，一次侧流过的电流必将由空载时的电流 $\dot{I}_0$ 变为 $\dot{I}_1$ ，磁动势由空载时的 $\dot{F}_0$ 变为 $\dot{F}_1$ 。一次侧所增加的那部分磁动势，用来抵消二次侧磁动势 $\dot{F}_2$ ，以便维持 $\dot{\Phi}_0$ 不变，此时变压器各部分物理量建立了新的平衡关系。

变压器负载运行时的物理过程表述如下：

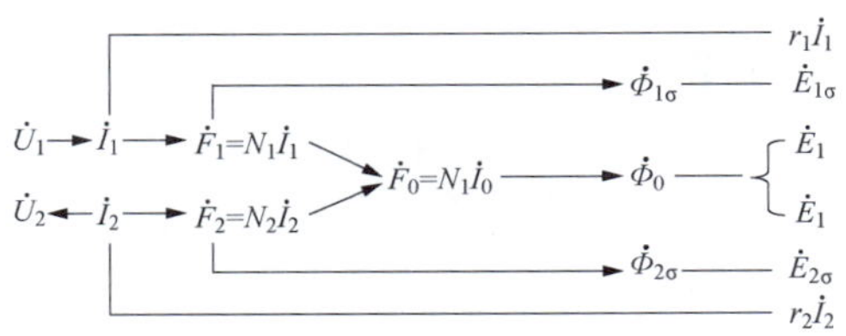

二、 磁动势平衡

变压器从空载运行到负载运行，电源电压不变，主磁通基本不变，因而负载运行时的合成磁动势 $\dot{F}_1+\dot{F}_2$ 基本上等于空载磁动势 $\dot{F}_0$ ，即

$$\dot{F}_1+\dot{F}_2=\dot{F}_0 \tag{1-20}$$

或

$$\dot{I}_1N_1+\dot{I}_2N_2=\dot{I}_0N_1 \tag{1-21}$$

将式（1-21）改写成电流形式

$$\dot{I}_1=\dot{I}_0+\left(-\frac{N_2}{N_1}\right)\dot{I}_2=\dot{I}_0+\left(-\frac{1}{k}\right)\dot{I}_2=\dot{I}_0+\dot{I}_{1L} \tag{1-22}$$

负载运行时一次绕组的电流包含了两个分量：一个是励磁分量 $\dot{I}_0$ ，用来产生主磁通；另一个是负载分量 $\dot{I}_{1L}$ ，用来平衡二次绕组磁动势的影响。一、二次侧电流所建立的磁动势实现动态的抗衡，共同作用产生主磁通，称为磁动势平衡。这说明变压器负载运行时，通过电磁感应关系，将一、二次电流紧密联系起来了，二次电流增加或减少的同时必然引起一次电流的增加或减少。相应地，当二次输出功率增加或减少时，一次侧从电网吸收的功率必然同时增加或减少。

变压器负载运行时，由于 $I_0\ll I_1$，故可忽略 I_0，这样一、二次侧的电流关系变为

$$\dot{I}_1\approx\left(-\frac{1}{k}\right)\dot{I}_2 \tag{1-23}$$

即

$$\frac{I_1}{I_2}\approx\frac{1}{k}=\frac{N_2}{N_1} \tag{1-24}$$

式（1-23）和式（1-24）表明，一、二次电流的相位相反，大小近似与绕组匝数成反比。可见变压器两侧匝数不同，不仅能改变电压，同时还能改变电流。

思考与练习

1. 变压器一次侧电流是否随二次侧电流的变化而变化？为什么？

2. 变压器带阻性负载时，二次电压有什么变化规律？

3. 变压器负载运行时，内部有哪些损耗？何为不变损耗？何为可变损耗？

子任务 1.2.2　单相变压器带感性负载和容性负载运行

任务实施

1. 实验原理

将图 1-11 中的电阻性负载分别换成感性负载和容性负载，如图 1-13 所示，与电阻性负载时数据进行对比，测试在相同负载电流下，各物理量有何不同。

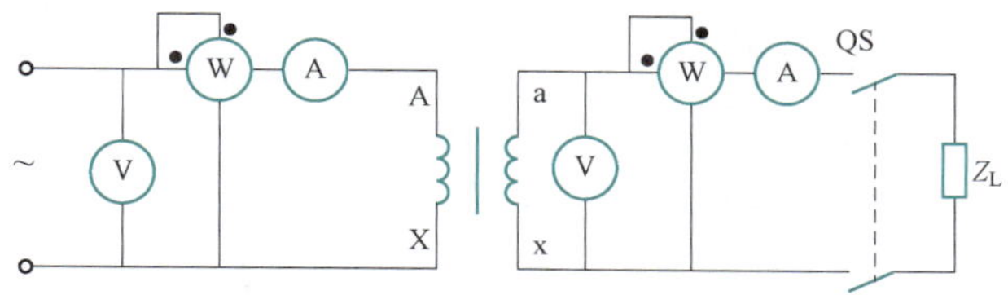

图 1-13　单相变压器带负载运行电路图

2. 操作要点及注意事项

（1）单相变压器带感性负载运行。检查接线是否正确、调压器是否在零位、仪表量程是否正确，合闸送电，缓慢调节调压器，升压至额定电压，确认电抗值已调至最大，闭合开关并逐步减小电抗值，分别找到与阻性负载相同负载电流下的数据并记录。数据记录完毕，将电抗值调至最大，断开开关，将调压器调至零位，切断实验电源。

将数据记录在表 1-4 中。

表 1-4　单相变压器带感性负载运行数据记录

感性负载	U_1(V)	I_1(A)	U_2(V)	I_2(A)
空载				
负载 1				
负载 2				
负载 3				

（2）单相变压器带容性负载运行。检查接线是否正确、调压器是否在零位、仪表量程是否正确，合闸送电，缓慢调节调压器，升压至额定电压，确认容抗值已调至最大（电容值最小），闭合开关并逐步减小容抗值，分别找到与阻性负载相同负载电流下的数据并记录。数据记录完毕，将容抗值调至最大（电容值最小），断开开关，将调压器调至零位，切断电源。注意断电后对容性负载要充分放电。

将数据记录在表 1-5 中。

表 1-5　　单相变压器带容性负载运行数据记录

容性负载	U_1（V）	I_1（A）	U_2（V）	I_2（A）
空载				
负载 1				
负载 2				
负载 3				

3. 小组讨论

对比表 1-3、表 1-4、表 1-5，说明变压器带不同性质负载时二次电压有何不同。

相关知识学习

一、变压器的等效电路

变压器负载运行时，一、二次侧电压平衡方程式分别为

$$\left.\begin{aligned}\dot{U}_1 &= -\dot{E}_1 - \dot{E}_{1\sigma} + \dot{I}_1 r_1 = -\dot{E}_1 + \dot{I}_1 r_1 + \mathrm{j}\dot{I}_1 x_1 = -\dot{E}_1 + \dot{I}_1 Z_1 \\ \dot{U}_2 &= \dot{E}_2 + \dot{E}_{2\sigma} - \dot{I}_2 r_2 = \dot{E}_2 - \dot{I}_2 r_2 - \mathrm{j}\dot{I}_2 x_2 = \dot{E}_2 - \dot{I}_2 Z_2\end{aligned}\right\} \tag{1-25}$$

一次绕组和电源之间组成闭合电路，二次绕组和负载之间组成闭合电路，如图 1-14 所示。两个电路之间没有电路的直接连接，它们之间只有磁的耦合，$\dot{E}_1 \neq \dot{E}_2$，相应的物理量和物理参数也无法比较和直接计算。若将二次侧折算到一次侧，即假想一个与一次绕组匝数相同的二次绕组替代原来的二次绕组，则 $\dot{E}'_2 = k\dot{E}_2 = \dot{E}_1$，可得到纯电路形式的等效电路，既能反映变压器内部的电磁关系，又便于工程计算。如图 1-15 所示为变压器的 T 型等效电路。

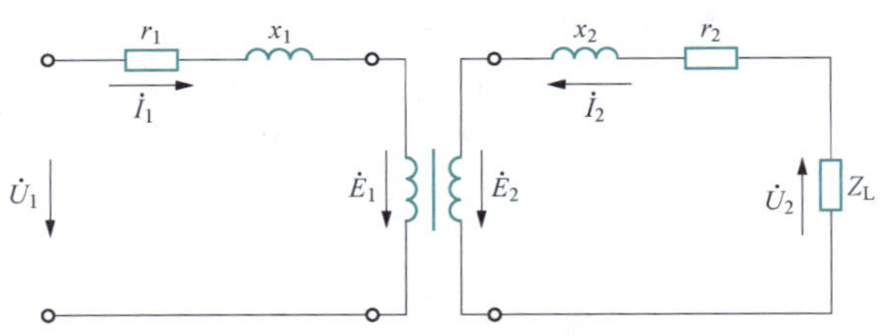

图 1-14　一、二次绕组分开的变压器电路

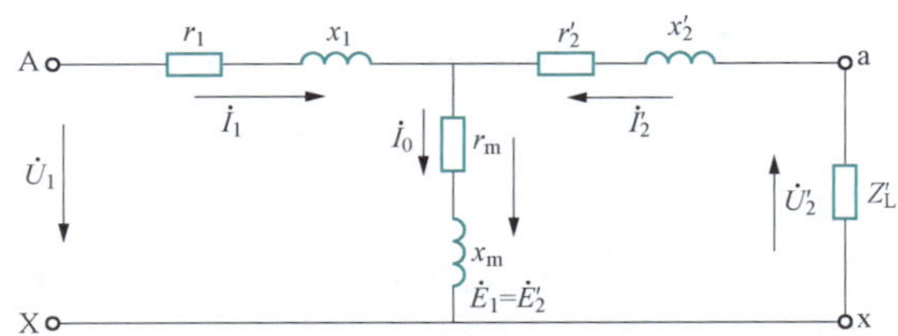

图 1-15　变压器的 T 型等效电路

T 型等效电路虽然能准确表达变压器内部的电磁关系，但运算比较繁琐。考虑到 $Z_m \gg Z_1$，励磁电流很小，这样便可把 T 型等效电路中的励磁支路移到电源端，称为 Γ 型等效电路或近似等效电路，如图 1 - 16 所示。

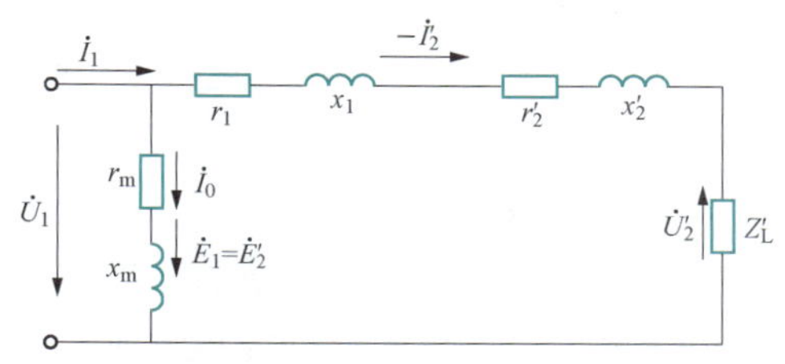

图 1 - 16　变压器的 Γ 型等效电路

在工程计算中，分析大负载及短路运行时，可以忽略 $\dot{I}_0$，即去掉励磁支路，而得到一个更简单的电路，简化等效电路如图 1 - 17 所示。

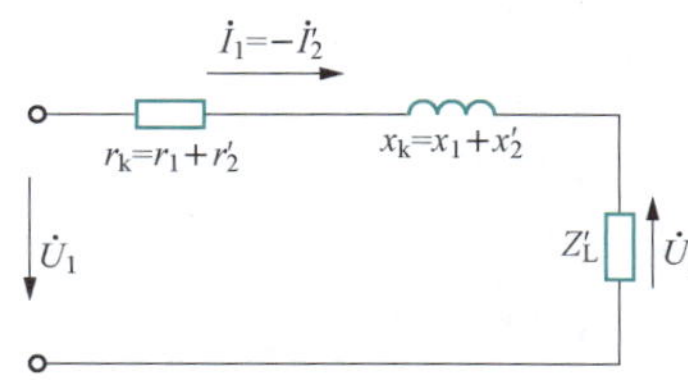

图 1 - 17　变压器的简化等效电路

在简化等效电路中，一、二次绕组的漏阻抗合并为一个阻抗，称为短路阻抗，用 Z_k 表示，即

$$\left.\begin{aligned} Z_k &= r_k + jx_k = Z_1 + Z'_2 \\ r_k &= r_1 + r'_2 \\ x_k &= x_1 + x'_2 \end{aligned}\right\} \tag{1 - 26}$$

式中　r_k——短路电阻；

x_k——短路电抗。

短路阻抗 Z_k 是变压器的重要参数之一，可由短路试验求得。

二、 电压变化率和外特性

1. 电压变化率

变压器一次侧接上额定电压、二次侧开路时，二次侧空载电压即为二次侧的额定电压。变压器带上负载后，二次电压会随负载的变化而变化，这种变化的程度用电压变化率来表示，也叫电压调整率。当一次侧接在额定电压、额定频率的电源上，二次侧的空载电压与给定负载大小和功率因数下二次侧电压的算术差，与二次侧额定电压比值的百分比，即为电压变化率，表示为

$$\Delta U = \frac{U_{2N} - U_2}{U_{2N}} \times 100\% \tag{1 - 27}$$

电压变化率是变压器的一个重要性能指标，可由变压器的简化相量图来求得

$$\begin{aligned} \Delta U &\approx \beta(r_k^* \cos\varphi_2 + x_k^* \sin\varphi_2) \\ \beta &= \frac{I_1}{I_{1N}} = \frac{I_2}{I_{2N}} = I_1^* = I_2^* \\ r_k^* &= r_k \times \frac{I_{1N}}{U_{1N}} \\ x_k^* &= x_k \times \frac{I_{1N}}{U_{1N}} \end{aligned} \tag{1 - 28}$$

式中　β——负载系数；

r_k^*——短路电阻标幺值；

x_k^*——短路电抗（漏电抗）标幺值；

$\cos\varphi_2$——负载功率因数。

式（1 - 28）中，标幺值的定义及相关知识可以参见拓展内容一。

电压变化率的正负和大小与变压器内部漏阻抗大小、负载的大小及负载性质有关。电压变化率的大小与负载的大小成正比。在一定的负载系数下，漏阻抗的标幺值越大，电压变化率也越大。当负载性质为感性或电阻性时，电压变化率为正值，说明二次侧电压比空载电压低；当负载性质为容性时，φ_2 为负值，电压变化率一般为负值，也有可能为正值或零，当电压变化率为负值时，说明二次侧电压比空载电压高。

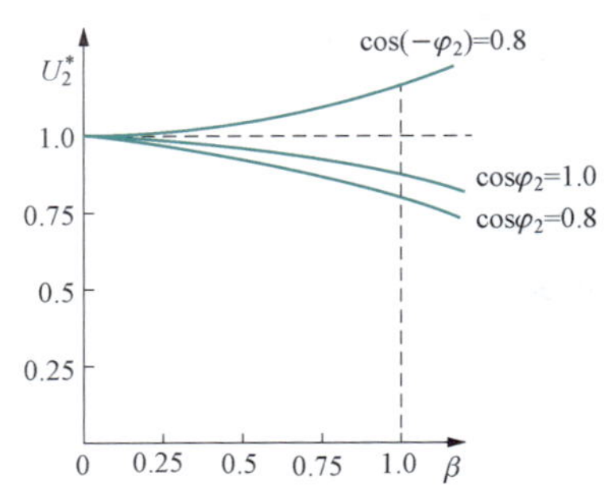

图 1 - 18　变压器的外特性曲线

2. 外特性

当电源电压和负载的功率因数为常数时，变压器二次端电压随负载电流的变化规律称为变压器的外特性，也叫输出特性。图 1 - 18 所示为 $U_1=U_{1N}$，$\cos\varphi_2$ = 常数时的外特性曲线。

从图 1 - 18 中的外特性曲线可以看出，变压器的二次电压大小不仅与负载电流的大小有关，而且还与负载的性质有关。感性负载时的曲线下降程度比电阻性负载时大，如果是容性负载，变压器的外特性曲线有可能上升。

一般用户电压值上下浮动不超过额定电压的 5%～10%，否则可以确认供电电压质量不合格，必须进行有效调压。为了保证供电质量，保持变压器二次电压的稳定，通常利用变压器的分接开关来调压，即采用改变高压绕组匝数的方法来调整低压侧电压的高低。通常在变压器高压绕组上设有±1.25%、±2.5%、±5%等级别的抽头，当二次电压偏低时，可以通过调整分接头的位置来减少高压绕组的匝数，使二次电压升高；当二次电压偏高时，则可调整分接头位置以增加高压绕组的匝数，使二次电压降低。

三、效率和效率特性

1. 效率

变压器的效率及其特性

变压器在传递电能的过程中，内部会产生功率损耗，致使输出有功功率 P_2 小于输入有功功率 P_1。输出有功功率 P_2 与输入有功功率 P_1 之比称为变压器的效率 η，一般用百分数表示，即

$$\eta=\frac{P_2}{P_1}\times 100\%=\frac{P_2}{P_2+\sum p}\times 100\% \qquad (1-29)$$

式中　$\sum p$ ——变压器内部损耗之和；

P_2 ——变压器输出的有功功率。

电力变压器的损耗主要包含铁损耗和铜损耗。铁损耗指的是变压器铁芯中的涡流损耗、磁滞损耗以及附加损耗，其大小近似与 $U_1{}^2$ 和 $f^{1.3}$ 成正比，当变压器电源电压和频率不变时，铁损耗基本不变，故可认为铁损耗是不变损耗；而铜损耗随负载大小变化，其大小与电流 $I_1{}^2$ 成正比，称为可变损耗。

因此，效率又表示为

$$\eta = 1 - \frac{\beta^2 p_{kN} + p_{0N}}{\beta S_N \cos\varphi_2 + \beta^2 p_{kN} + p_{0N}} = \frac{\beta S_N \cos\varphi_2}{\beta S_N \cos\varphi_2 + \beta^2 p_{kN} + p_{0N}} \tag{1 - 30}$$

铁损耗 $p_{Fe} = p_0$ ，空载损耗 p_0 由空载试验测得；铜损耗 $p_{Cu} = \beta^2 p_{kN} = \beta^2 I_{1N}^2 r_k = I_1^2 r_k$ ，短路损耗 p_{kN} 由短路试验测得；输出有功功率 $P_2 = \beta P_{2N} = \beta S_N \cos\varphi_2$ 。

2. 效率特性

数学分析可以证明，在某一负载系数时，可变损耗等于不变损耗，变压器的效率达到最大值，然后随着负载增加，铜损耗增加，效率又开始降低，效率特性如图 1 - 19 所示。产生最大效率的条件是

$$p_{0N} = {\beta_m}^2 p_{kN} \tag{1 - 31}$$

或

$$\beta_m = \sqrt{\frac{p_{0N}}{p_{kN}}} \tag{1 - 32}$$

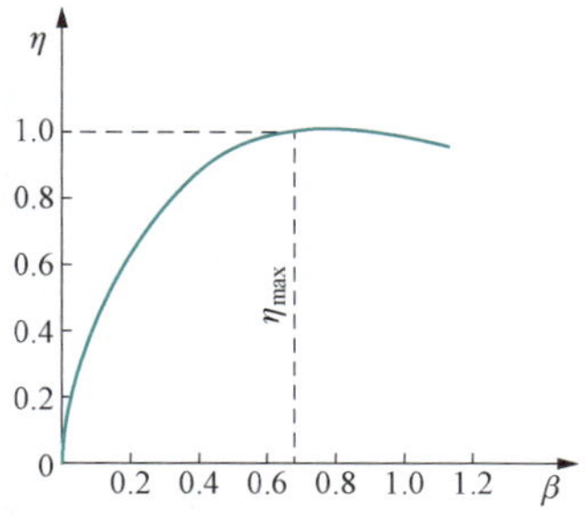

图 1 - 19　变压器的效率特性曲线

式中　β_m——最大效率时的负载系数。

考虑到电力变压器不是长期运行在额定负载状态下，所以 β_m 一般取 0.6 左右，故 $\frac{p_{0N}}{p_{kN}}$ 值应在 $\frac{1}{4} \sim \frac{1}{3}$ 之间。可见铁损耗相对比额定铜损耗小一些，对变压器运行经济效益更有利。

思考与练习

1. 在变压器外施电源电压不变的情况下，增大铁芯截面、减少一次绕组匝数、增大铁芯接缝处气隙，对变压器铁芯中磁通密度、空载电流和空载损耗有何影响？

2. 画出电力变压器带电阻性负载、感性负载（$\cos\varphi = 0.8$ 滞后）、容性负载（$\cos\varphi = 0.8$ 超前）时的外特性曲线，并说明外特性曲线的变化趋势。

3. 变压器的电压变化率与哪些因素有关？

4. 变压器的运行效率在什么情况下达到最大？若使变压器运行在较高效率，负载系数一般应在多大范围？

任务 1.3 变压器的参数测定

问题引入

电力系统中的设备，都可以用电路模型来表示。比如电热水器，可以用电阻来等效模拟，电阻就是电路模型中的参数。为了分析变压器方便，用电路模型来代替变压器，即T型等效电路。变压器T型等效电路中的参数是如何测试出来的？参数的大小对变压器的性能又有哪些影响呢？

任务描述

通过变压器的空载和短路试验，测定变压器参数，并理解参数大小对变压器性能的影响。

学习目标

（1）能够完成变压器的空载试验和短路试验，并根据试验数据计算出变压器的励磁参数和短路参数。

（2）能够根据参数大小判断变压器性能。

子任务 1.3.1 变压器的空载试验

空载试验是在变压器一次侧加额定电压，二次开路状态下进行的一种试验。一般在低压侧加压，高压侧开路。空载试验的主要目的是测定变压器的空载电流百分比 $I_0\%$、空载损耗 p_0，求得变比 k 和励磁参数 $Z_m=r_m+jx_m$。同时可以检查铁芯有无噪声，铁芯整体质量是否存在问题。

任务实施

1. 单相变压器的空载试验

按照图 1-20 接线，给变压器一次侧施加额定电压，根据测量的电压、电流和功率，计算出 $I_0\%$、p_0、k 及励磁参数。

2. 操作要点及注意事项

（1）为了试验数据准确、仪表选择方便以及保证试验安全，一般在低压侧施加电压。

（2）由于变压器空载功率因数较低，应选用低功率因数功率表测量空载损耗。

（3）因空载电流很小，为了减小测量

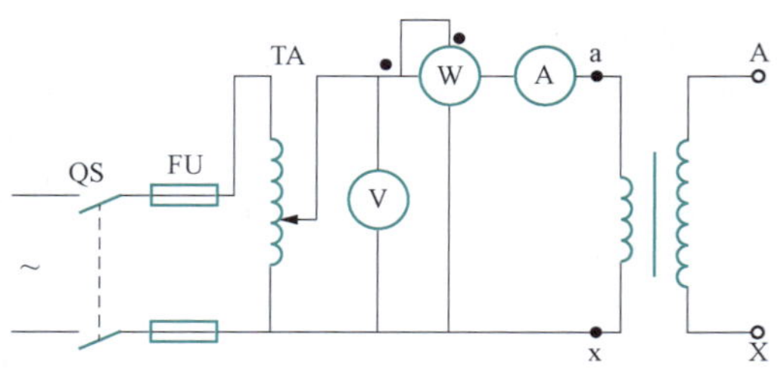

图 1-20 变压器的空载试验接线图

误差，电压表、功率表电压线圈应接在电源侧。

空载试验时，由于励磁参数随外施电压的不同而变化，为了与实际使用条件相符合，必须施加额定电压。这可通过调节调压器TA，使其输出电压达到试验电压值（变压器低压侧额定电压值）。读取低压、高压侧电压表读数 U_{1N}、U_{20}，功率表读数 p_0，电流表读数 I_0。测取有关数据后，将调压器调至零位，切断试验电源。

变压器空载试验的方法

3. 数据记录

将试验数据记录在表 1 - 6 中。

表 1 - 6　　变压器空载试验数据记录及计算

U_{1N} (V)	U_{20} (V)	I_0 (A)	p_0 (W)	k	I_0%	Z_m (Ω)	r_m (Ω)	x_m (Ω)

4. 小组讨论

(1) 变压器的励磁参数如何计算?

(2) 如何根据励磁参数大小判断变压器性能好坏?

(3) 空载损耗主要是什么损耗?

相关知识学习

一、 变压器空载运行时的等效电路

变压器等效电路中的各阻抗参数在分析变压器运行状况时很重要。客观上，变压器在设计制造时已经由本身材料及结构尺寸确定了它的各阻抗参数，可以根据等效电路特点用空载试验和短路试验来分别测定各阻抗。

励磁参数的大小对变压器性能的影响

变压器空载运行时，等效电路如图 1 - 8 所示。由于 $Z_1 \ll Z_m$，分析问题时可将 Z_1 忽略，电路中只剩下 Z_m 一个阻抗，这样就可以通过伏安法测定励磁阻抗 Z_m，但是要注意加额定电压，测定的才是额定励磁阻抗，也就是变压器正常运行时对应的励磁阻抗。

二、 励磁参数的计算

励磁阻抗可为

$$Z_m = \frac{U_{1N}}{I_0} \tag{1-33}$$

由于空载损耗主要是铁损耗，所以励磁电阻为

$$r_m = \frac{p_0}{I_0^2} \tag{1-34}$$

励磁电抗可为

$$x_m = \sqrt{Z_m^2 - r_m^2} \tag{1-35}$$

变比 k 可由 U_{1N}、U_{20} 求得

$$k=\frac{U_{20}}{U_1} \tag{1-36}$$

需要说明的是，在低压侧加电压做空载试验时，求得的励磁参数为低压侧的数值，如果需要高压侧的参数，应进行折算。对三相变压器，各公式中的电压、电流和功率均要取相值。

三、 励磁参数的意义

励磁参数反映变压器铁芯性能好坏。励磁电阻反映铁损耗大小，励磁电抗反映铁芯导磁性能好坏。铁芯导磁性能越好，励磁电抗越大，励磁电流百分比越小。

空载损耗是变压器的一个重要性能指标。一般变压器在额定电压下运行时，空载损耗占额定容量的 0.2%～1%。空载损耗数值虽不大，但因电力变压器使用量大，且常年接在电网上运行，所以减少空载损耗具有重要的经济意义。

1. 如何根据励磁参数的大小判断变压器的铁芯质量？
2. 为什么空载损耗主要是铁损耗？
3. 在高压侧和在低压侧做试验，铁芯中的磁通是否相同？求得的参数有何不同？
4. 电源电压升高后，各励磁参数如何变化？

子任务 1.3.2 变压器的短路试验

短路试验的目的

短路试验是在变压器二次绕组输出端短路，一次电流为额定电流值的状态下进行的一种试验。一般高压侧加压，低压侧短路。短路试验的目的是通过测定变压器的阻抗电压 U_k、短路损耗 p_k，求得变压器的短路参数 $Z_k=r_k+jx_k$ 及阻抗电压百分比 $U_k\%$。

任务实施

1. 单相变压器的短路试验

按照图 1-21 接线，给变压器一次侧缓慢施加电压，使一次电流达到额定值，根据测量的短路电压 U_k、短路电流 I_k 和短路功率 p_k，计算出 $U_k\%$、铜损耗及短路参数。

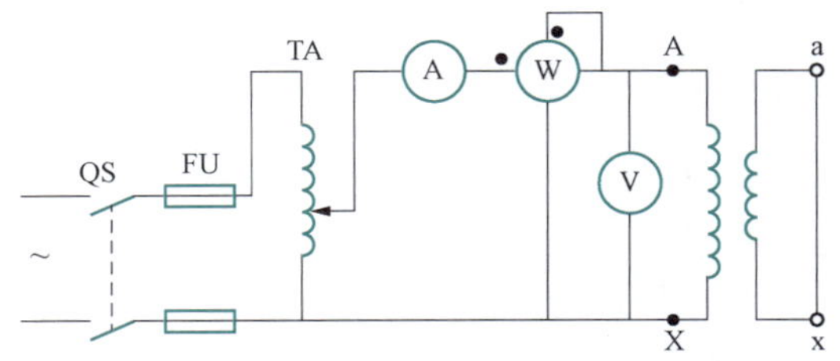

图 1-21 单相变压器的短路试验接线图

短路试验的方法

2. 操作要点及注意事项

(1) 由于短路试验时二次绕组输出端短路，如果在一次加额定电压，短路电流可能高达额定电流的 10～20 倍，若把短路电流限制在额定电流以下，一次电压会降得很低。为了提高试验电压和减小试验电流，一般在变压器高压侧施加电压，使电流达到额定值，低压侧短路。

(2) 因为试验电流较大，电压很低，为减小测量误差，电压表和功率表电压线圈应接在靠近变压器侧。

(3) 为避免导线电阻和接触电阻引起误差，连接导线尤其是短接线必须连接牢靠，而且要有足够的截面。

试验时，用调压器 TA 将外施电压从零开始，缓慢升高，同时密切注视电流表的读数，待其达到高压侧额定电流值时，立即停止升压。此时，应迅速记录电压表读数 U_k 、电流表读数 I_k 和功率表读数 p_k 。数据记录完毕，调压器调至零位，切断试验电源。

对于大型变压器，由于额定电流较大，可在降低电流的情况下进行短路试验，但最低不应低于额定电流的 25%。

3. 数据记录

将试验数据记录在表 1 - 7 中。

表 1 - 7　　变压器短路试验数据记录及计算

U_k(V)	$I_k=I_{1N}$(A)	p_k(W)	U_k%	Z_k(Ω)	r_k(Ω)	x_k(Ω)

4. 小组讨论

(1) 变压器的短路参数如何计算？

(2) 如何根据短路参数大小判断变压器性能好坏？

(3) 短路损耗主要是什么损耗？

相关知识学习

一、短路运行时的等效电路

从变压器的简化等效电路上想办法测定短路阻抗 Z_k，如果把负载侧短路，只剩 Z_k 参数，就可以用伏安法测定这个阻抗了，如图 1 - 22 所示。但是要注意，Z_k 比 Z_m 小得多，所以为确保最大电流不超过额定值，应该加很低的电压，这个试验称为短路试验，Z_k称为短路阻抗。

二、短路参数的计算

变压器短路时外施电压等于短路电流在变压器内部阻抗上引起的阻抗压降。由此可得

$$Z_k = \frac{U_k}{I_k} \tag{1 - 37}$$

变压器短路试验时，从电源吸取的电功率，全部用于补偿一、二次绕组铜损耗和铁

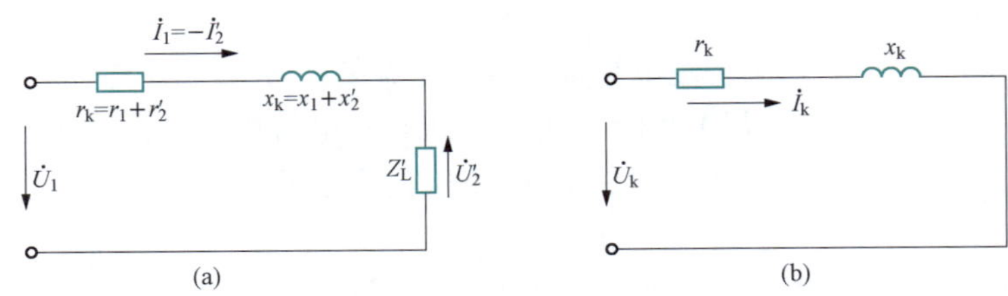

图 1 - 22　短路阻抗 Z_k 测试等效电路

(a) 变压器的简化等效电路；(b) 变压器短路时的等效电路

损耗。由于短路电流等于额定电流，这一功率损耗称为短路损耗，亦称负载损耗，用 p_k 表示。因为短路试验时外施电压很低，铁损耗可忽略不计，所以认为短路损耗近似等于额定负载时的铜损耗，即

$$p_k \approx p_{Cu} = I_k^2 r_k \tag{1-38}$$

由式（1 - 38）可计算出短路电阻为

$$r_k = \frac{p_k}{I_k^2} \tag{1-39}$$

短路电抗为

$$x_k = \sqrt{Z_k^2 - r_k^2} \tag{1-40}$$

短路阻抗若需按一、二次分开时，可近似认为

$$\left.\begin{aligned} Z_1 \approx Z'_2 = \frac{1}{2}Z_k \\ r_1 \approx r'_2 = \frac{1}{2}r_k \\ x_1 \approx x'_2 = \frac{1}{2}x_k \end{aligned}\right\} \tag{1-41}$$

对三相变压器，式（1 - 41）中的电压、电流和功率均取相值。

由于绕组电阻的大小是随温度变化的，而短路试验是在室温下进行的，按国家标准规定，应将其换算到 75℃时的值。对于铜线绕组变压器可换算为

$$\left.\begin{aligned} r_{k(75℃)} = \frac{235+75}{235+\theta}r_k \\ Z_{k(75℃)} = \sqrt{r_{k(75℃)}^2 + x_k^2} \end{aligned}\right\} \tag{1-42}$$

式中　θ——试验时的室温，℃；

$r_{k(75℃)}$——75℃时的短路电阻，Ω；

r_k——试验时的短路电阻，Ω；

235——铜导线的温度系数，铝导线时应改为 225。

阻抗电压 U_k 是指额定电流 I_{1N} 在短路阻抗 $Z_{k(75℃)}$ 上的压降，也称短路电压，通常以阻抗电压占额定电压的百分数表示。即

$$U_k\% = \frac{U_k}{U_{1N}} \times 100\% = \frac{I_{1N}Z_{k(75℃)}}{U_{1N}} \times 100\% \tag{1-43}$$

三、短路参数的意义

阻抗电压是变压器的重要参数之一，其大小对变压器运行性能有很大影响，通常标注在变压器的铭牌上。从正常运行角度看，希望阻抗电压小些，这样负载变化时二次电压波动小些；但从限制短路电流角度考虑，则希望阻抗电压大些，相应的短路电流就小些。因此，变压器的阻抗电压应有一个适当的数值。一般，中小型变压器主要考虑电压的稳定性，故取较小值，阻抗电压为4%～10.5%；大型变压器主要考虑的是尽量减小短路电流，故取较大值，阻抗电压为12.5%～17.5%。

短路参数的大小对变压器性能的影响

【例 1-1】 一台三相变压器，$S_N=100\text{kVA}$，$U_{1N}/U_{2N}=6300/400\text{V}$，Yd 连接，已知 $I_0\%=7\%$，$p_0=600\text{W}$，$U_k\%=4.5\%$，$p_{kN}=2250\text{W}$。求 Z_m^*、r_m^*、x_m^*、Z_k^*、r_k^*、x_k^* 的值。

解　励磁阻抗标幺值 $Z_m^* = \dfrac{1}{I_0^*} = \dfrac{1}{0.07} = 14.29$

励磁电阻标幺值 $r_m^* = \dfrac{p_0^*}{I_0^{*\,2}} = \dfrac{p_0/S_n}{I_0^{*\,2}} = \dfrac{0.6/100}{0.07^2} = 1.225$

励磁电抗标幺值 $x_m^* = \sqrt{Z_m^{*\,2} - r_m^{*\,2}} = \sqrt{14.29^2 - 1.225^2} = 14.24$

短路阻抗标幺值 $Z_k^* = U_k^* = 0.045$

短路电阻标幺值 $r_k^* = \dfrac{p_{kN}^*}{I_{1N}^{*\,2}} = p_{kN}^* = \dfrac{p_{kN}}{S_N} = \dfrac{2.25}{100} = 0.0225$

短路电抗标幺值 $x_k^* = \sqrt{Z_k^{*\,2} - r_k^{*\,2}} = \sqrt{0.045^2 - 0.0225^2} = 0.039$

思考与练习

1. 画出变压器 T 型等效电路，标出各参数符号及有关物理量的正方向。说明各电阻、电抗名称及物理意义。

2. 变压器中，主磁通与漏磁通有哪些不同？在等效电路中是怎样来反映其作用的？

3. 短路阻抗的标幺值 Z_k^* 的大小为什么等于短路电压的标幺值 U_k^*？其大小对变压器的运行性能有什么影响？

4. 一台单相变压器，$S_N=1\text{kVA}$，$U_{1N}/U_{2N}=220/110\text{V}$，在低压侧加额定电压做空载试验，测得 $I_0=0.6\text{A}$，$p_0=10\text{W}$；在高压侧加电压做短路试验，测得 $U_k=20\text{V}$，$I_k=5\text{A}$，$p_k=25\text{W}$。求：折算到高压侧的变压器参数 Z_m、r_m、x_m、Z_k、r_k、x_k 的值（试验温度为 20℃）。

拓展内容一　标幺值

在变压器和电机的工程计算中，常以额定值为基值，各物理量的实际值与相应基值的比值称为各量的标幺值，即

$$标幺值 = \frac{实际值}{基值}$$

标幺值实质上是将某一物理量的额定值标为一（幺即一）时，该物理量实际值与其相比之值，这就是“标幺值”的由来。某物理量的标幺值以该量符号右上角加“ * ”表示。

一、基值的选择及应用

线电流、线电压的基值为额定线值；相电流、相电压的基值为额定相值。变压器一、二次电压和电流的标幺值为

$$\left.\begin{aligned} U_1^* &= \frac{U_1}{U_{1N}} \\ U_2^* &= \frac{U_2}{U_{2N}} \\ I_1^* &= \frac{I_1}{I_{1N}} \\ I_2^* &= \frac{I_2}{I_{2N}} \end{aligned}\right\} \tag{1-44}$$

电阻、电抗、阻抗共用一个基值，这些都是一相的值，故阻抗基值 Z_N 应是额定相电压 U_{Nph} 与额定相电流 I_{Nph} 之比，即

$$Z_N = \frac{U_{Nph}}{I_{Nph}} \tag{1-45}$$

变压器一、二次绕组的漏阻抗标幺值为

$$\begin{aligned} Z_1^* &= \frac{Z_1}{Z_{1N}} \\ Z_2^* &= \frac{Z_2}{Z_{2N}} \end{aligned} \tag{1-46}$$

同理

$$\left.\begin{aligned} r_1^* &= \frac{r_1}{Z_{1N}} \\ r_2^* &= \frac{r_2}{Z_{2N}} \\ x_1^* &= \frac{x_1}{Z_{1N}} \\ x_2^* &= \frac{x_2}{Z_{2N}} \end{aligned}\right\} \tag{1-47}$$

有功功率、无功功率、视在功率共用一个基值，以额定视在功率为基值。变压器一、二次绕组容量的标幺值为

$$S_1^* = \frac{S_1}{S_N}$$

$$S_2^* = \frac{S_2}{S_N} \tag{1-48}$$

变压器空载损耗和负载损耗功率的标幺值为

$$\left.\begin{aligned} p_0^* &= \frac{p_0}{S_N} \\ p_{Cu}^* &= \frac{p_{Cu}}{S_N} \end{aligned}\right\} \tag{1-49}$$

二、 标幺值的优缺点

1. 采用标幺值的优点

（1）便于比较变压器或电机的性能和参数。如同类型变压器，虽然容量和电压等级差别可能很大，但用标幺值表示的参数却大致相同。例如，变压器的短路阻抗标幺值 $Z_k^* = 0.04 \sim 0.175$；空载电流标幺值 $I_0^* = 0.01 \sim 0.10$。若计算出变压器的短路阻抗或空载电流与上述的标幺值相差较大，则应该校核其合理性。

（2）采用标幺值表示后，折算前后各量相等，即可省去折算。如

$$Z_2^* = \frac{Z_2}{Z_{2N}} = \frac{k^2 Z_2}{k^2 \dfrac{U_{2N}}{I_{2N}}} = \frac{Z'_2}{\dfrac{U_{1N}}{I_{1N}}} = \frac{Z'_2}{Z_{1N}} = Z'^*_2 \tag{1-50}$$

（3）采用标幺值可以使运算简化。在用标幺值计算时，各物理量的额定值均为 1，许多物理量的标幺值也近于 1。此外，对于电压和电流，其相值的标幺值与线值的标幺值相等；对于功率，单相功率的标幺值与三相功率的标幺值相等。

（4）采用标幺值可使不同量纲的物理量具有相同的数值。例如

$$Z_k^* = \frac{Z_k}{\dfrac{U_{1N}}{I_{1N}}} = \frac{I_{1N} Z_k}{U_{1N}} = \frac{U_k}{U_{1N}} = U_k^* \tag{1-51}$$

2. 采用标幺值的缺点

因为标幺值没有量纲，物理意义不够明确，也无法用量纲作为检查计算结果是否正确的手段。

任务 1.4 双绕组变压器改自耦变压器

问题引入

双绕组变压器一、二次绕组之间只有磁的联系，变压器的容量等于电磁容量。如果把双绕组变压器的一、二次绕组串联接在一起，这就构成了一台自耦变压器，与原来的双绕组变压器对比，会有怎样的结果？

任务描述

把一台双绕组变压器改接为自耦变压器，通过改接前后试验数据对比，得出自耦变压器的容量关系、电压关系和电流关系，总结自耦变压器与双绕组变压器对比的优点及应用场合。

学习目标

（1）能够通过试验数据对比，总结自耦变压器的结构特点及容量关系。

（2）了解自耦变压器的优缺点及用途。

子任务 1.4.1 自耦变压器的改接线及空载试验

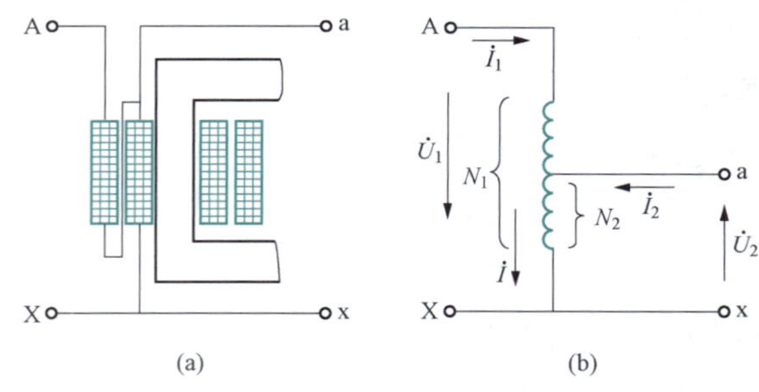

图 1 - 23 双绕组变压器改接为自耦变压器

（a）电路示意图；（b）原理图

一台双绕组变压器，可以改变一下接法，两个绕组串联，公用尾端，如图 1 - 23 所示，就变为一台自耦变压器。由此可见，普通变压器一、二次绕组之间只有磁的耦合，而自耦变压器的一、二次绕组不仅有磁的联系，还有电的直接连接。低压绕组既是二次绕组，又是一次绕组的一部分，所以称为公共绕组，而与公共绕组串联的部分称为串联绕组。改接后，因为一、二次侧绕组连在一起，变比发生了变化，那么绕组所承受的额定电压、两侧电流、功率传递都具有什么特点呢？

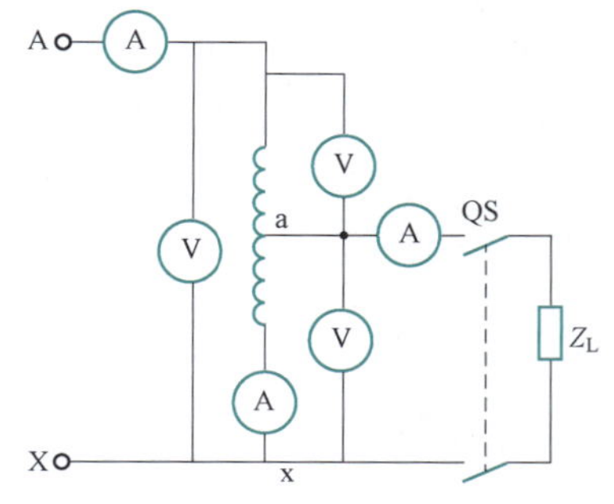

图 1 - 24 自耦变压器空载试验电路图

任务实施

1. 自耦变压器的空载实验

将双绕组变压器改接后，空载试验电路如图 1 - 24所示，观察电压 U_1、U_2、U_{Aa}的数值及大小比例关系。

2. 操作要点及注意事项

检查接线是否正确、调压器是否在零位、仪表量程是否正确，合闸送电，缓慢调节调压器升压，观察试验现象并记录数据。数据记录完毕，将调压器调至零位，切断试验电源。

3. 数据记录

将试验数据记录在表1-8中。

表1-8　　自耦变压器的电压关系数据记录

物理量	数据1	数据2	数据3	数据4
U_1（V）				
U_2（V）				
U_{Aa}（V）				

4. 小组讨论

（1）改接后的自耦变压器与原来的双绕组变压器对比，有何不同？

（2）计算自耦变压器变比，思考三个电压数值U_1、U_2、U_{Aa}与变比的关系。

相关知识学习

自耦变压器也是根据电磁感应原理工作的。当自耦变压器的一次绕组外施电源电压$\dot{U}_1$时，铁芯中产生交变的磁通，并分别在一、二次绕组中感应电动势，若忽略漏阻抗压降，则有

$$\left.\begin{aligned}U_1 \approx E_1 = 4.44fN_1\Phi_m \\ U_2 \approx E_2 = 4.44fN_2\Phi_m\end{aligned}\right\} \tag{1-52}$$

自耦变压器的变比为

$$k_a = \frac{E_1}{E_2} = \frac{N_1}{N_2} \approx \frac{U_1}{U_2} \tag{1-53}$$

因此，一、二次电压关系为

$$U_1 = k_a U_2 \tag{1-54}$$

子任务1.4.2　自耦变压器的负载试验

自耦变压器的空载试验，只能探究电压与变比之间的关系，那么电流之间的关系以及功率传递又有哪些特点？可通过负载试验来探究。

任务实施

1. 自耦变压器的负载试验

根据子任务1.4.1要求，如图1-24所示，升压到额定电压后，合上开关QS加负载并调节负载大小，观察电流I_1（串联绕组的电流）、I_2（二次侧的输出电流）、I（公用绕组的电流）之间的关系。

2. 操作要点及注意事项

将电压升高至额定值并保持不变，检查电阻箱电阻值处于最大值，闭合负载开关，通过调节负载电阻大小观察电流之间的关系并记录。断开电源前，先将电阻值调至最大值，断开负载开关，再逐渐降低调压器电压至零位，切断电源。将数据填入表 1 - 9 中，观察电流的数值及大小比例关系，观察上述数值与变比关系。

3. 数据记录

将试验数据记录在表 1 - 9 中。

表 1 - 9　　自耦变压器的电流关系

物理量	数据 1	数据 2	数据 3	数据 4
I_1（A）				
I_2（A）				
I（A）				

4. 小组讨论

（1）三个电流之间的关系是怎样的？与变比之间有何关系？

（2）计算自耦变压器的额定容量。与双绕组变压器进行对比，说明增加的那部分容量是什么容量？这部分容量与额定容量之间是什么关系？

相关知识学习

一、自耦变压器的电流关系

根据磁动势平衡关系，自耦变压器负载时的磁动势平衡方程式为

$$\dot{I}_1 N_1 + \dot{I}_2 N_2 = \dot{I}_0 N_1 \tag{1-55}$$

忽略空载电流时

$$\dot{I}_1 N_1 + \dot{I}_2 N_2 = 0 \tag{1-56}$$

则

$$\dot{I}_1 = -\frac{N_2}{N_1}\dot{I}_2 = -\frac{1}{k_a}\dot{I}_2 \tag{1-57}$$

公共绕组中的电流为

$$\dot{I} = \dot{I}_1 + \dot{I}_2 = -\frac{1}{k_a}\dot{I}_2 + \dot{I}_2 = \left(1 - \frac{1}{k_a}\right)\dot{I}_2 \tag{1-58}$$

由式（1 - 55）～式（1 - 58）可知，$\dot{I}_1$ 与 $\dot{I}_2$ 相位相反，而 $\dot{I}$ 与 $\dot{I}_2$ 相位相同。三个电流的相量表示如图 1 - 25 所示。由此可判断出三个电流的大小关系

$$\left.\begin{aligned} I_2 &= I_1 + I \\ I_1 &= \frac{1}{k_a} I_2 \\ I &= \left(1 - \frac{1}{k_a}\right) I_2 \end{aligned}\right\} \tag{1-59}$$

公共绕组中的电流 I 总是小于输出电流 I_2，与双绕组变压器流过电流 I_2 的二次绕组相比较，自耦变压器的公共绕组的导线截面可以减小，而且变比 k_a 越接近1，公共绕组的电流 I 就越小，经济效益越明显。

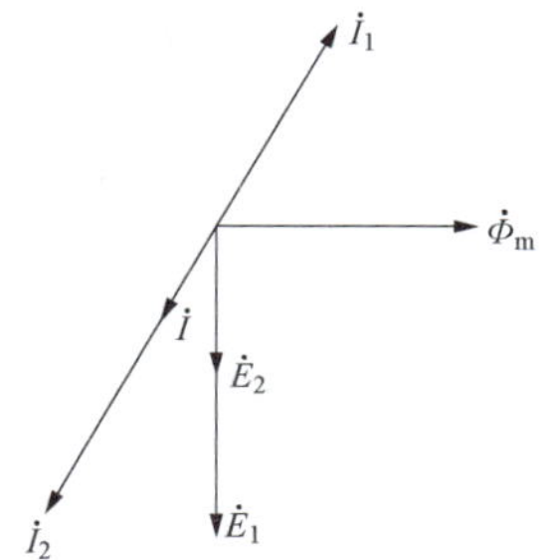

图1-25 自耦变压器的电流相量图

二、自耦变压器的容量关系

自耦变压器的容量关系

自耦变压器的容量是指变压器的输入容量，也等于输出容量，即

$$S_a = U_1 I_1 = U_2 I_2 \tag{1-60}$$

自耦变压器的绕组容量是指串联绕组或公用绕组的电压与电流的乘积。

串联绕组的容量为

$$S_{Aa} = U_{Aa} I_1 = \frac{N_1 - N_2}{N_1} U_1 I_1 = \left(1 - \frac{1}{k_a}\right) S_a \tag{1-61}$$

公共绕组的容量为

$$S_{ax} = U_{ax} I = U_2 I_2 \left(1 - \frac{1}{k_a}\right) = \left(1 - \frac{1}{k_a}\right) S_a \tag{1-62}$$

由此可知，串联绕组和公共绕组的容量相等，均为自耦变压器容量的 $\left(1 - \frac{1}{k_a}\right)$ 倍，绕组容量也称电磁容量，总是小于自耦变压器的额定容量。

自耦变压器的容量为

$$S_a = U_2 I_2 = U_2 (I_1 + I) = \frac{1}{k_a} U_2 I_2 + \left(1 - \frac{1}{k_a}\right) U_2 I_2 = \frac{1}{k_a} S_a + \left(1 - \frac{1}{k_a}\right) S_a \tag{1-63}$$

由此可知，自耦变压器的容量由两部分组成。其中 $U_2 I = \left(1 - \frac{1}{k_a}\right) S_a$ 为绕组容量，它是通过电磁感应从一次传递到二次的，是自耦变压器容量的 $\left(1 - \frac{1}{k_a}\right)$ 倍，又称为电磁容量；$U_2 I_1 = \frac{1}{k_a} S_a$ 称为传导容量，它是通过电传导方式直接从一次传递到二次，是自耦变压器容量的 $\frac{1}{k_a}$ 倍，这部分容量是由于自耦变压器一、二次绕组之间具有电的直接连接而引起的。

双绕组变压器的绕组容量总是等于额定容量，与变比无关。因此当额定容量相等时，自耦变压器不仅比双绕组变压器少用了一个绕组，且其绕组容量比双绕组变压器的绕组容量要小，从而减少了硅钢片和铜材料的使用，节省了材料，减少了变压器的体积和质量，便于运输和安装，从而可以降低投资成本。同时由于材料减少，降低了损耗，提高了效率。

自耦变压器与双绕组变压器的对比

自耦变压器的变比越小，传导容量越大，电磁容量越小。变比越接近于1，电磁容量越小，经济效益越明显。在工程上，为了保证自耦变压器有较高

的传输效益，变比 k_a 的取值以小于 2.5 为宜。

三、 自耦变压器存在的主要问题

（1）自耦变压器短路阻抗标幺值比同容量的双绕组变压器短路阻抗标幺值小，限制短路电流能力差，需要快速有效的继电保护装置。

（2）由于一、二次侧有直接电的联系，高压侧发生故障会直接影响到低压侧。因此，自耦变压器的继电保护整定和过电压保护相对双绕组变压器复杂。例如，为避免当高压侧过电压时引起低压绕组绝缘的损坏，一、二次侧都必须装设避雷器；为防止高压侧发生单相接地时引起低压侧非接地相对地电压升高较多，造成对地绝缘击穿，自耦变压器的中性点必须接地或经小电抗接地。

四、 自耦变压器用途

（1）用于连接电压等级相近的电网，做联络变压器使用。

（2）在实验室中，作为调压器使用。

（3）在异步电动机的降压起动中，做起动补偿器使用。

其他常见变压器，如三绕组变压器和互感器，具体介绍见拓展内容二和拓展内容三。

思考与练习

1. 自耦变压器的绕组容量与额定容量是什么关系？

2. 将一台 5kVA、220/110V 的单相双绕组变压器改接成 220/330V 的升压自耦变压器，试计算改接后一、二次的额定电流、额定容量和绕组容量。

3. 自耦变压器在结构上有什么特点？有哪些优点、缺点？

4. 自耦变压器的变比一般为多大？为什么？

拓展内容二 三绕组变压器

三绕组变压器有高、中、低压三个绕组，一般为芯式结构，三个绕组均套在一个铁芯柱上。为了便于绝缘，高压绕组总是置于最外层。三绕组变压器可以是单相的，也可以是三相的。

一、三绕组变压器的用途

变电站中利用三绕组变压器由两个系统向一个负载供电，如图1-26（a）所示。

发电厂利用三绕组变压器将发出的电能用两种电压输送到不同的电网，如图1-26（b）所示。

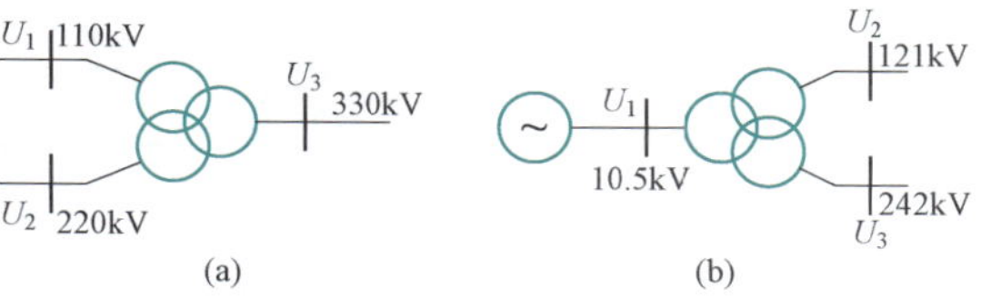

图1-26 三绕组变压器用途

（a）变电站供电；（b）发电厂发出电能

采用三绕组变压器后，用一台具有三种电压等级 $U_1/U_2/U_3$ 的变压器代替电压分别为 U_1/U_2、U_1/U_3 的两台变压器，使发电厂和变电站的设备简单、经济、维修管理方便。因此，三绕组变压器得到了广泛的应用。

二、结构特点

三绕组变压器的结构与双绕组变压器基本相同，只是在每相铁芯柱上套有三个绕组，即高压绕组、中压绕组和低压绕组。其中一个绕组接电源，另两个绕组便有两个等级的电压输出。三个绕组的空间布置，对升压变压器和降压变压器是不同的，应按如下原则考虑。

（1）有利于高压绕组的绝缘。高压绕组与接地的铁芯之间的距离要大些，所以三绕组变压器的高压绕组总是放置在最外层。

（2）有利于绕组之间的功率传递。两个绕组距离越近，传输效率越高。对升压变压器，功率从低压侧向高压、中压侧传递，所以把低压绕组放在中间，中压绕组靠近铁芯柱放在最里层，高压绕组放在最外层，如图1-27（b）所示；对降压变压器，由于电功率从高压侧向中、低压侧传递，最理想的方案是把高压绕组放在中间，但这样不利于绝缘，通常将中压绕组放在中间，低压绕组放在最里层，如图1-27（a）所示。

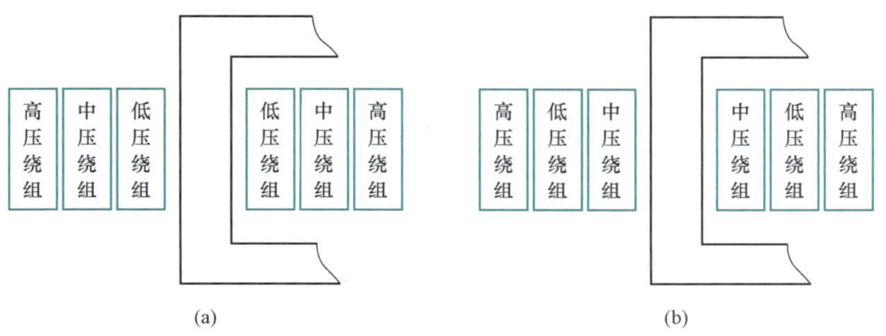

图1-27 三绕组变压器的绕组排列

（a）降压变压器；（b）升压变压器

三、 容量配合及标准联结组标号

1. 额定容量

对于双绕组变压器，一、二次绕组的额定容量是相等的。但在三绕组变压器中，根据供电的实际需要，各绕组的额定容量可以相等，也可以不相等。

变压器铭牌上标示的额定容量，指的是三个绕组容量中的最大者，其他两个绕组的容量可以是额定容量，也可以小于额定容量。若取额定容量作为 100，按国家标准规定，三个绕组的容量配合关系如表 1 - 10 所示。

表 1 - 10　　三绕组变压器容量配合关系

高压绕组	中压绕组	低压绕组
100	100	100
100	50	100
100	100	50

需要指出，表 1 - 10 中所列的三绕组容量配合关系，并不是实际功率传递时的分配比例，而是指各绕组传递功率的能力。

2. 联结组标号

国标 GB 1094—2016《电力变压器》规定，三相三绕组变压器的标准联结组标号有 YNyn0d11 和 YNyny0 两种。两个联结组标号都是以高压绕组线电压作为时钟的长针，按照高、中、低压绕组的次序表示。单相三绕组变压器的标准联结组标号为 Ii0i0。

四、 变比及等效电路

1. 变比

图 1 - 28 为三绕组变压器运行原理示意图。设三绕组变压器高压绕组 1、中压绕组 2、低压绕组 3 的匝数分别为 N_1、N_2、N_3，绕组 1 接电源为一次绕组，绕组 2、3 均接负载为二次绕组，根据双绕组变压器的工作原理，绕组 1、2 之间变比为 k_{12}，绕组 1、3 之间变比为 k_{13}，由于绕组 2、3 之间也有磁耦合关系，其变比为 k_{23}。所以，三绕组变压器有三个变比，即

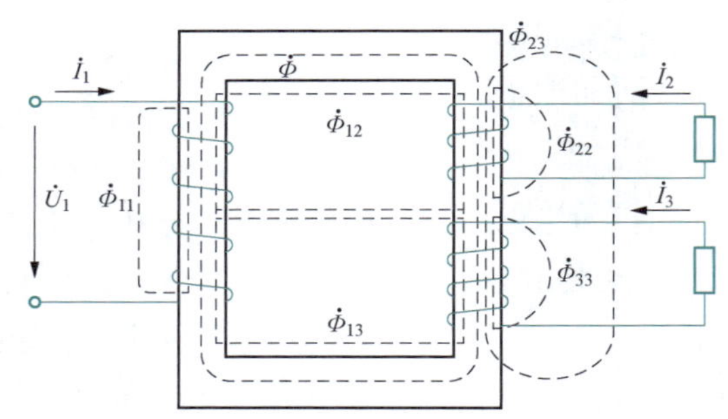

图 1 - 28　三绕组变压器运行原理示意图

$$\left.\begin{aligned} k_{12} &= \frac{E_1}{E_2} = \frac{N_1}{N_2} \approx \frac{U_{1N}}{U_{2N}} \\ k_{13} &= \frac{E_1}{E_3} = \frac{N_1}{N_3} \approx \frac{U_{1N}}{U_{3N}} \\ k_{23} &= \frac{E_2}{E_3} = \frac{N_2}{N_3} \approx \frac{U_{2N}}{U_{3N}} \end{aligned}\right\} \tag{1 - 64}$$

2. 等效电路

三绕组变压器运行时，铁芯中与三个绕组交链的主磁通是由三个绕组的磁动势共同

产生的。若略去空载电流不计，则变压器的磁动势平衡方程式为

$$\dot{I}_1 N_1 + \dot{I}_2 N_2 + \dot{I}_3 N_3 = 0 \tag{1-65}$$

式（1-65）两边同时除以 N_1，有

$$\dot{I}_1 + \dot{I}_2 \frac{1}{k_{12}} + \dot{I}_3 \frac{1}{k_{13}} = 0 \tag{1-66}$$

将 I_2、I_3 折算到一次侧后，可得

$$\dot{I}_1 + \dot{I}'_2 + \dot{I}'_3 = 0 \tag{1-67}$$

仿照双绕组变压器的推导方法，可以得到三绕组变压器简化等效电路，如图 1-29 所示。

在三绕组变压器中，漏磁场的分布是比较复杂的。凡不同时与三个绕组交链的磁通都是漏磁通，其中仅与一个绕组交链而不与其他两个绕组交链的磁通，称为自漏磁通；仅与两个绕组交链而不与第三个绕组交链的磁通，称为互漏磁通。因此三绕组变压器的漏电抗与双绕组变压器的漏电抗含义是不一样的。用 x_1、x'_2、x'_3 分别表示高、中、低压绕组的等效电抗，它们包含着各自绕组的自感电抗和绕组间的互感电抗。与各绕组等效电抗相对应的等效阻抗是 Z_1、Z'_2、Z'_3，这些参数可以通过 3 次短路试验求得。比如绕组 1 加电压，绕组 2 短路，绕组 3 开路，短路试验原理接线图如图 1-30 所示，对应的等效电路如图 1-31 所示。

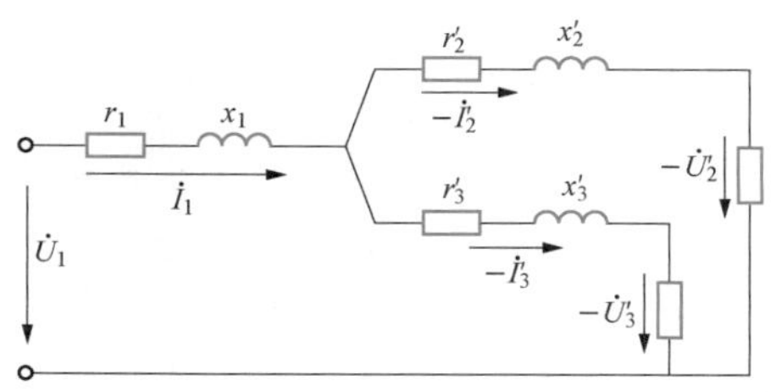

图 1-29　三绕组变压器简化等效电路

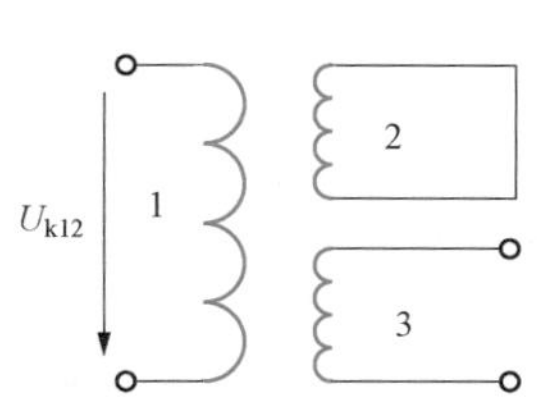

图 1-30　短路试验原理接线图

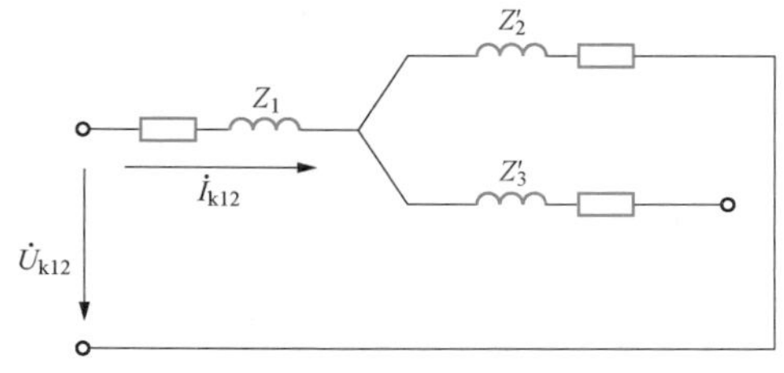

图 1-31　短路等效电路图

Z_{k12}、r_{k12}、x_{k12} 可由式（1-68）求取。

$$\left.\begin{aligned} Z_{k12} &= \frac{U_{k12}}{I_{k12}} \\ r_{k12} &= \frac{p_{k12}}{I_{k12}^2} \\ x_{k12} &= \sqrt{Z_{k12}^2 - r_{k12}^2} \end{aligned}\right\} \tag{1-68}$$

同理，还可计算出 Z_{k13}、r_{k13}、x_{k13}，还有 Z_{k23}、r_{k23}、x_{k23}。

参数计算如下

$$\left.\begin{aligned} r_1 &= \frac{1}{2}(r_{k12} + r_{k13} - r'_{k23}) \\ r'_2 &= \frac{1}{2}(r_{k12} + r'_{k23} - r_{k13}) \\ r'_3 &= \frac{1}{2}(r_{k13} + r'_{k23} - r_{k12}) \end{aligned}\right\}$$

$$\left.\begin{aligned} x_1 &= \frac{1}{2}(x_{k12} + x_{k13} - x'_{k23}) \\ x'_2 &= \frac{1}{2}(x_{k12} + x'_{k23} - x_{k13}) \\ x'_3 &= \frac{1}{2}(x_{k13} + x'_{k23} - x_{k12}) \end{aligned}\right\} \tag{1-69}$$

三绕组在铁芯上的排列方式，将影响彼此间漏磁通大小，从而影响彼此间漏电抗的大小。位于中间层的绕组等值电抗最小。

五、 三绕组变压器的电压变化率

两个二次绕组均带负载时，除受自身负载变化引起电压变化，两负载侧端电压还互相影响，这是因为一次漏阻抗电压降 I_1Z_1 的影响。例如，高压侧接额定电压、额定频率的电网，中压侧负荷发生波动而低压侧负荷不变，但低压侧输出电压也会随中压侧负荷的波动而波动。为了减小两个二次绕组之间的互相影响，应尽量减小等效阻抗 Z_1。

拓展内容三　互感器

在高电压、大电流回路中，测量仪表和继电器等二次元件不允许直接接入一次回路，若直接接入会对运行工作人员及二次设备的安全造成威胁，同时将使二次元件的构造复杂化。采用互感器既简化了结构，又可以使高压电路可靠绝缘，保证设备和人身的安全。因此在交流高压装置中的测量仪表、继电器、自动装置、控制信号等二次元件的线圈都要经过互感器接入电路。

电流互感器和电压互感器统称为互感器。互感器是一种特殊的变压器，在电力系统中的作用可表述如下：

（1）将一次回路高电压和大电流变为二次回路的标准值，使测量仪表和继电器标准化。

（2）不论被测量的一次侧电流或电压有多大，均可使用按照互感器额定二次值设计的标准化仪表和继电器，减少了互感器到主控制室的仪表、继电器之间的二次回路连接导线。

（3）使测量仪表和继电器结构简单、降低造价，而且测量方便，工作可靠，并有较高的测量准确度。

（4）使低压二次系统与高压一次系统实施电气隔离，且二次侧有一端必须接地，以保证人身和设备的安全。

互感器除了用于测量电流和电压外，还用于各种继电保护装置的测量系统，因此它的应用极为广泛。下面分别介绍电流互感器和电压互感器。

一、电流互感器

电流互感器用文字符号 TA 表示。电流互感器的一次绕组串联接入被测电路中，二次绕组与测量仪表及继电器的电流线圈串联。正常情况下负荷是恒定的，无论电流互感器一次绕组额定电流是多大，通过选择合适的电流比，二次绕组额定标准电流为 5A 或 1A。

拓展3

电流互感器

1. 工作原理

电流互感器的工作原理与变压器基本相同。通常，一次绕组由一匝或几匝粗导线组成，直接串联于被测线路中，一次负荷电流通过一次绕组时，产生的交变磁通感应产生按比例减小的二次电流；二次绕组的匝数较多，导线较细，所接负载为电流表或功率表的电流线圈，如图 1 - 32 所示。由于负载阻抗很小，所以，电流互感器工作时相当于变压器的短路运行状态。

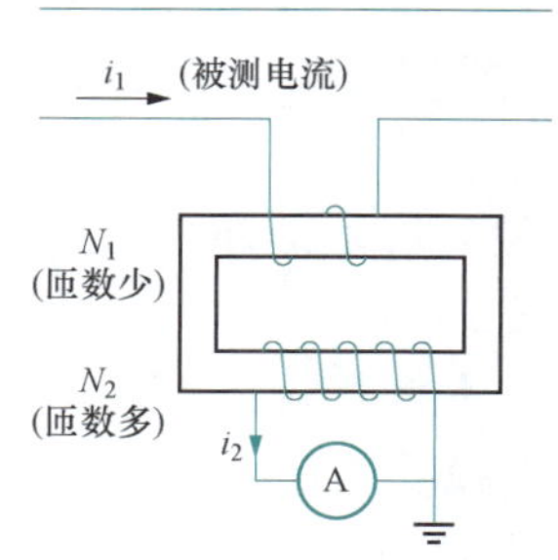

图 1 - 32　电流互感器的原理接线

2. 变流比

如果忽略励磁电流，由变压器的磁动势平衡关系可得

$$\frac{I_1}{I_2}=\frac{N_2}{N_1}=k_i \text{ 或 } I_1=k_iI_2 \tag{1 - 70}$$

式（1-70）中，k_i 称为电流互感器的变流比，是个常数。变流比 k_i 是电流互感器的重要参数之一。电流互感器二次侧的电流乘以变流比就是一次侧被测电流的大小。测量 I_2 的电流表可以按照 k_iI_2 来刻度，这样就可以从表上直接读出被测电流。

3. 准确度等级

互感器内总要有一定的励磁电流，故一、二次电流比只是一个近似常数。因此，把一、二次电流比按照常数 k_i 处理的电流互感器就存在误差。电流互感器的测量误差有变比误差和相角误差。

变比误差是指二次电流的折算值 $I'_2 = k_iI_2$ 和一次电流 I_1 的差值，用一次电流的百分比值表示，即

$$\Delta I = \frac{k_iI_2 - I_1}{I_1} \times 100\% \tag{1-71}$$

相角误差是指 $-\dot{I}'_2$ 与 $\dot{I}_1$ 之间的相位差，并规定 $-\dot{I}'_2$ 超前 $\dot{I}_1$ 时，相角误差为正值，反之相角误差为负值。

上述两种误差主要由励磁电流、漏阻抗和所接仪表及继电器的阻抗所引起。为了减小误差，电力互感器的工作磁通密度设计得很低，常用环形铁芯，二次所接仪表和继电器的总阻抗要小于规定值。

按照变比误差的大小，电流互感器分成 0.2、0.5、1.0、3.0、10.0 等 5 个标准等级。如 0.5 级电流互感器表示在额定电流时误差不超过±0.5%。另有 B 级为保护级，用于继电保护。

4. 使用注意事项

（1）电流互感器在工作时，二次侧不允许开路。因为电流互感器二次侧断开，电流互感器处于空载状态，此时一次侧被测线路电流全部为励磁电流，铁芯中磁通密度明显增大。一方面，铁损耗急剧增加，使铁芯过热甚至烧坏绕组；另一方面，二次侧会感应出危险的高电压，可能使绝缘击穿，同时危及工作人员和其他设备安全。若在工作中需要检修和拆换仪表或功率表电流线圈时，必须预先将互感器的二次绕组或需要断开的测量仪表短接。

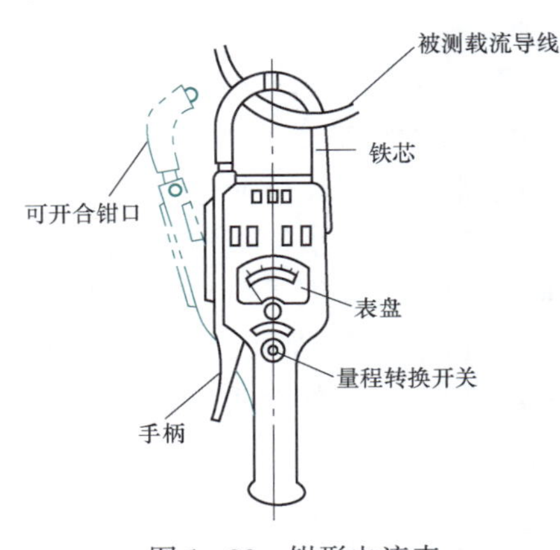

图 1-33　钳形电流表

（2）为了使用安全，电流互感器的二次绕组及铁芯必须可靠接地，以防止由于绝缘损坏，一次侧的高电压传到二次侧，危及二次测量回路中的设备及操作人员的安全。

（3）电流互感器在连接时必须注意接线端子的极性。

（4）二次串入的负载阻抗不能超过额定值，以保证规定的准确度等级。

为了在现场不切断电路的情况下测量电流和便于携带使用，把电流表和电流互感器合起来制造成钳形电流表，如图 1-33 所示。互感器的铁芯成钳形，可以张开，使用时只要张开钳口，将

待测电流的一根导线放入钳中，然后将铁芯闭合，钳形电流表就会显示读数。

二、 电压互感器

电压互感器文字符号为 TV。它的一次绕组匝数较多，导线较细，并联接在被测高压线路上，二次绕组匝数较少，接电压表或功率表的电压线圈。电压互感器原理接线如图 1-34 所示。无论电压互感器一次绕组额定电压多高，通过选择合适的电压比，二次绕组额定标准电压为 100V 或 $\frac{100}{\sqrt{3}}$ V。电压互感器的结构、原理接线图和工作特点都与电力变压器相似。

1. 工作原理

由于电压表或功率表电压线圈内阻抗很大，二次电流很小，所以电压互感器实质上是一台近似空载状态的降压变压器。

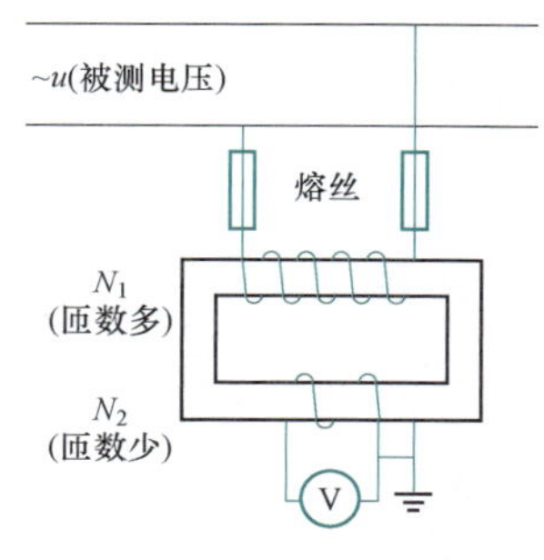

图 1-34 电压互感器的原理接线

2. 变压比

如果忽略漏阻抗压降，则有

$$\frac{U_1}{U_2}=\frac{N_1}{N_2}=k_u \text{ 或 } U_1=k_uU_2 \qquad (1-72)$$

式（1-72）中，k_u 称为电压互感器变压比，是个常数。这就是说，把电压互感器的二次电压乘以常数 k_u 就是一次侧被测电压的数值。测量 U_2 的电压表可以按照 k_uU_2 来刻度，这样就可以从表上直接读出被测电压。

由于电压互感器一、二次侧的电压都已标准化，所以电压互感器也就标准化了，在测量不同等级的高电压时，只要换上不同电压等级的电压互感器就可以了。

3. 准确度等级

电压互感器应有准确的变压比，但实际上，一、二次漏阻抗上都有压降，因此一、二次绕组电压比只是一个近似常数，误差是难以避免的。

电压互感器的测量误差有两种：变比误差和相角误差。电压互感器的测量误差与其漏阻抗和励磁电流有关，也与二次负载电流的大小及功率因数有关。为了减小电压互感器的励磁电流和短路阻抗，铁芯大多采用高级硅钢片制成，并尽量减小磁路中的气隙，工作磁通密度设计得低一些，在绕组的布置和排列上尽量减少漏磁。

按变比误差的百分值划分，电压互感器的准确度等级分为 0.2、0.5、1.0、3.0 等 4 个等级。因为电压互感器的误差与二次负载大小有关，所以对应于每一准确度等级，都规定有相应的额定容量，当二次负载超过某准确度级的额定容量时，准确度等级便下降。规定最高准确度级对应的额定容量为电压互感器的额定容量。

4. 使用注意事项

（1）电压互感器在工作时二次侧不能短路。因为电压互感器一、二次绕组都是在并联状态下工作的，如二次侧发生短路将产生很大的短路电流，有可能烧毁电压互感器，甚至危及一次系统的安全运行。所以电压互感器的一、二次侧都必须装设熔断器进行短路保护。

（2）为安全起见，电压互感器的二次绕组一端连同铁芯一起，必须可靠接地，以防止电压互感器一次绕组绝缘击穿时，铁芯和二次绕组带上高电压危及人身和设备安全。

（3）电压互感器接线时必须注意接线端子的极性，以防止因接错线而引起事故。

（4）电压互感器有一定的额定容量，使用时二次侧不宜接过多仪表，否则负载阻抗过小将引起较大的漏阻抗压降，从而影响互感器的测量精度。

项目2

油浸式电力变压器的拆装及检修

当变压器内部发生故障或进行大修时，必须将其拆开，对故障部件进行检修，修复后再把变压器的部件组装起来，经过检验合格后，才能重新投入运行。

任务 2.1 油浸式电力变压器的拆解

问题引入

油浸式电力变压器的绕组和铁芯浸泡在充满变压器油的油箱内，那么它的内部结构又是怎样的？变压器到了大修年限，必须吊芯（或吊罩）检修，如何才能安全可靠拆解变压器呢？

任务描述

对小型油浸式电力变压器进行拆卸，了解变压器解体流程及注意事项，认知变压器结构，讨论各结构部件作用。

学习目标

（1）了解小型油浸式电力变压器拆解方法及注意事项。

（2）掌握油浸式电力变压器的结构及各部件作用。

（3）理解变压器铭牌数据含义。

预习内容

在拆解变压器之前，应做好充分的准备工作，以保证检修的顺利进行。准备工作大致有以下几个方面：

1. 确定检修内容

检查渗油、漏油部位并做出标记；进行大修前的试验，确定是否调整检修项目。

2. 查阅资料

查阅档案和变压器的状态评价资料，主要内容如下。

（1）查阅运行记录，了解变压器运行中已经暴露出来的缺陷和异常情况。

（2）查阅上次大修记录，了解变压器在上次大修时遗留的技术缺陷。

（3）查阅试验记录，了解变压器的绝缘状况。

3. 编制作业指导书（施工方案）

编制作业指导书（施工方案），主要内容如下。

（1）确定变压器检修中的特殊项目。在检修中，可能对变压器的某些部件作程度不同的改造工作或消除某些特殊的重大缺陷等，都要事先经过技术人员研究确定，并列出特殊项目。

（2）制订检修技术、组织措施。内容主要包括：人员组织及分工；检修项目及进度表；确保检修安全、质量的技术措施和现场防火措施；绘制必要的施工图。

（3）检修工具、材料及器材的准备。

1）起重工具，如大、小吊车等，应事先校对起重设备的起吊能力与变压器器身质量是否相适应。

2）准备好真空泵、滤油机等滤油设备。

3）油罐和补充油的准备。根据变压器的容量准备油罐；对于变压器油，如需调换新油时，则必须准备好足够数量的新油，并过滤到符合技术标准，进行油的试验，试验结果合格后方可使用，如不需调换新油，也必须准备一部分补充用油。

4）另外，还需进行备品备件、常用工具材料、专用工具及特殊材料的准备。

4. 施工场地要求

变压器解体检修工作，如条件允许，应尽量安排在检修车间内进行。如施工现场无检修车间时，亦可在现场进行变压器的检修工作，但需做好防雨、防潮、防尘和消防措施，同时应注意与带电设备保持安全距离，准备充足的施工电源及照明，安排好储油容器、大型机具、拆卸附件的放置地点，合理布置消防器材。

任务实施

为保证变压器拆解及检修工作顺利实施，在大修前要进行“三措一案”的制订，包括组织措施、技术措施、安全措施及实施方案。

“三措一案”示例见附录 D“变压器大修三措一案的制订”。

1. 拆解注意事项

（1）拆卸时，首先拆小型仪表和套管，后拆大型组件，组装时顺序相反。

（2）拆卸套管时应注意不要碰坏瓷套。对拆下的套管、油位计、温度计等易损部件要妥善保管，做好防潮措施。

（3）冷却器、防爆管、净油器及储油柜等部件拆下后，应用盖板密封，以防雨水浸入变压器内。

变压器的吊芯

（4）拆卸无励磁分接开关操作杆时，应记录分接开关的位置，并做好标记；拆卸有载分接开关时，分接头应置于中间位置（或按制造厂的规定执行）。

（5）起重工作注意事项。

1）起吊之前，必须详细检查钢丝绳的强度和吊环、U 型挂环的可靠性。起吊时，钢丝绳的夹角不应大于 60°，否则应采用专用吊具或调整钢丝绳套。起吊到 100mm 左右时，应停留检查悬挂及捆绑情况，确认可靠后再继续起吊。

2）吊芯（或吊罩）时，应有专人指挥，器身（或钟罩）四角应系缆绳，由专人扶持，使其平稳吊起，以防铁芯和绕组及绝缘部件与箱壳碰撞损坏。

3）吊芯（或吊罩）后，如果起吊设备不能移动，对于吊芯式，则在吊起器身后，把油箱拉走，然后落下器身于枕木上进行检修；对于吊罩式，钟罩可不必落在地面上，应在变压器器身的夹铁两端用枕木支撑住钟罩，同时不要摘去吊钩，以保证检修工作的安全。

2. 拆卸变压器

分组，制订简要操作流程，老师指导，强调安全注意事项，保证每组学生由一位老师监督指导，对油浸式电力变压器进行拆解。

变压器的拆卸就是将整个变压器解体。拆卸时，首先拆小型仪表和套管，后拆卸大型组件。简要拆卸步骤如下。

（1）办理工作票（停电工作票见附录 C），设备停电后，断开气体继电器等附件的二次接线，并用胶布把线头包扎好，做好标记；拆除所有的二次端子箱体；拆除变压器的绝缘套管连接引线；拆掉变压器接地线。

（2）将油罐、滤油设备均安排就绪，排油前打开油枕顶部的放气塞。放出变压器油、清洗油箱。放油时应预先检查好油管，以防跑油。

（3）拆卸套管、储油柜、压力释放阀、冷却器、气体继电器、吸湿器、温度计等附件。

1）套管的拆卸。依次对角松动安装法兰螺栓，轻轻摇动套管，防止法兰受力不均匀，待密封垫脱开后整体取下套管。将套管用塑料布将下部瓷套包好后妥善保管。专人指挥吊车，控制起吊速度，防止损坏套管瓷裙。拆卸 60kV 以上电压等级的充油套管时，引线须用专用的尼龙绳慢慢系下去。拆下的套管须垂直稳妥地放置在套管架上。

2）储油柜的拆卸。拆卸前将蝶阀关闭，拆卸时两侧系好防护绳，拆除储油柜固定螺栓，吊下储油柜，所有蝶阀用盖板封好。

3）压力释放阀的拆卸。依次对角松动安装法兰螺栓，轻轻摇动，待密封垫脱开后拆下。

4）冷却器的拆卸。拆除冷却器时应由专人指挥，上下协调一致，防止损伤散热管，先将蝶阀关闭，打开排油塞和放气塞排净残油，用吊车吊住冷却器、再松开蝶阀冷却器侧螺母，收紧吊钩将冷却器平移并卸下，所有蝶阀用盖板密封好。

5）气体继电器的拆卸。关闭两侧蝶阀，在气体继电器下方放置盛油的开口油桶放出剩油，拆开两端法兰的连接螺栓，将气体继电器取下。

6）吸湿器的拆卸。将吸湿器从变压器上卸下，保持吸湿器完好，防止摔碎，倒出内部吸附剂。

7）温度计的拆卸。松开安装螺栓，保持外观完好，金属细管不得扭曲、损伤和变形。拧下密封螺母连同温包一并取出，然后将温度表从油箱上拆下，并将金属细管盘好，其弯曲半径应大于 75mm。

（4）拆卸无励磁分接开关操作杆或有载分接开关顶盖及有关部件。

1）有载分接开关的拆卸。松开电动机构与分接开关的水平传动轴，拆除头盖，注意保存好密封胶垫；拆除分接位置指示盘上的固定螺栓，然后向上取下分接位置指示盘；卸除切换开关本体支撑板上的螺母；使用起重吊垂直缓慢地吊起切换开关，并放在平坦清洁的地方，用清洁布盖好，防止异物落入。

2）无载分接开关的拆卸。先将开关调整到极限位置，安装法兰应做定位标记，三相联动的传动机构拆卸前也应做定位标记。

（5）对于采用桶式油箱的中小型变压器，拆卸油箱顶盖与箱壳之间的连接螺栓，将器身吊出油箱（吊芯）。但在吊出器身之前，应拆除芯部与顶盖之间的连接物。对于采用钟罩式油箱的大型变压器，拆卸中腰法兰的连接螺栓，吊起钟罩，器身便全部暴露在空气中。

吊芯（或吊罩）一般宜在室内进行，以保持器身的清洁。在露天进行检查时，场地四周应清洁，并应有防止雨雪、灰尘落入的措施。雪天或雾天不宜进行吊芯检查。器身在空气中暴露的时间不应超过以下规定：空气湿度不超过 65%时，为 16h；空气湿度不超过 75%时，为 12h。其时间的计算，对带油运输的变压器而言，由开始放油时间算起，对不带油运输的变压器，由揭开顶盖或打开任一堵塞孔时算起，至注油开始或大盖及孔板均已封上为止。

吊芯检查时应注意空气温度和变压器身的温度，吊芯时一定要在器身温度高于空气温度情况下进行，一般要高于环境温度 5℃以上，否则应用真空滤油机循环热油，将变压器加热，从而防止空气中的潮气进入线圈。吊芯时的空气温度不宜低于 0℃。

油浸式电力变压器的结构动画

相关知识学习

一、油浸式电力变压器的结构

变压器的结构是根据变压器的技术指标、性能参数、工作原理、工作条件和要求，随着制造技术和经济条件的发展而定型的。在电力系统中应用最广泛的是油浸式电力变压器。三相油浸式电力变压器的整体结构如图 2-1 所示。

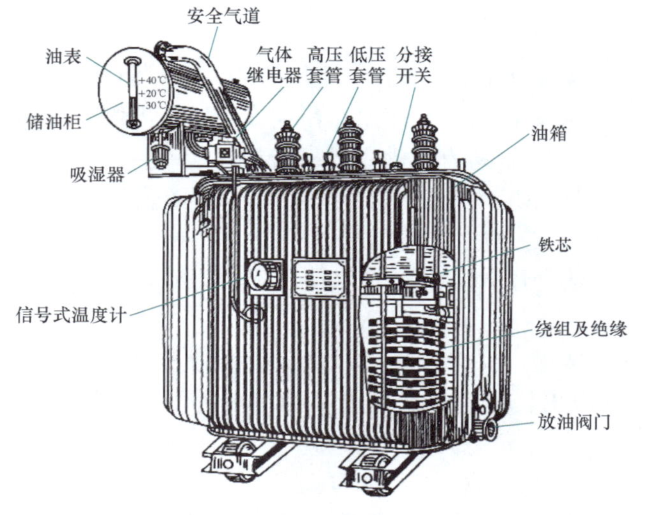

油浸式电力变压器的结构（1）

图 2-1　油浸式电力变压器整体结构

由于变压器绕组及铁芯均有一定的损耗，并以热能的形式散发出来，所以引出了变压器的冷却问题；又由于许多变压器是在高电压条件下运行，因此，还有相应的绝缘措施；此外还涉及变压器各部件受力和支撑等问题。因此电力变压器的结构比较复杂。

1. 变压器的铁芯

变压器主要由铁芯和套在铁芯上的绕组所组成。铁芯和绕组是变压器的主体，它是决定电压、电流升高或降低的根本所在。变压器的铁芯用于导磁，是磁路系统的本体，是磁通闭合的路径，又是绕组的支持骨架。铁芯由铁芯柱和铁轭两部分组成，套装有绕组的部分为铁芯柱，连接铁芯柱以构成闭合磁路的部分为铁轭。为提高铁芯的导磁性能，减小磁滞和涡流损耗，铁芯材料多数选择 0.23～0.35mm 厚的、相互绝缘的冷轧硅钢片交错叠装而成。

变压器铁芯的基本结构形式有芯式和壳式两种。芯式变压器的结构特点是铁芯被绕组包围着，如图 2-2（a）所示。由于芯式变压器结构简单，绕组的装配和绝缘也比较容易，国产电力变压器的铁芯主要用芯式结构。壳式变压器的特点是铁芯不仅包围着绕组的顶端，而且包围着绕组的侧面。壳式变压器的机械强度高，但制造复杂、铁芯材料消耗较多，只在一些特殊的变压器中采用，其结构示意图如图 2-2（b）所示。

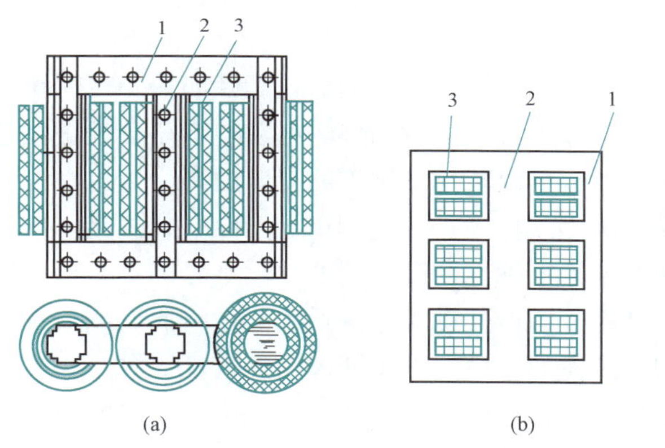

图 2-2　芯式和壳式铁芯结构示意图

（a）三相芯式铁芯；（b）三相壳式铁芯

1—铁轭；2—铁芯柱；3—绕组

2. 变压器的绕组

绕组是变压器的电路部分，常用绝缘铜线或铝线绕制而成。习惯上，我们把接电源的绕组称作变压器的一次绕组；接负载的绕组称作变压器的二次绕组。按照一次绕组和二次绕组放置相对位置的不同，变压器的绕组可以分为同芯式绕组和交叠式绕组。

电力变压器多数采用同芯式绕组，同芯式绕组就是将一、二次绕组同芯地套在同一铁芯柱上，这种形状的绕组有较好的机械性能和受力性能，不易变形，同时还易于绕制。为便于绝缘，通常是低压绕组套在内侧，高压绕组套在外侧。交叠式绕组是指一次绕组和二次绕组各自分别作成若干个线饼，沿铁芯柱高度依次交错放置的绕组。由于绕组均为饼形，因此这种绕组也称为饼式绕组。为了便于绝缘，低压绕组套装在靠近铁轭的地方。交叠式绕组机械强度高，引出线布置方便，易做成多条并联支路。交叠式绕组应用不多，壳式变压器和电压低、电流大的电焊、电炉变压器等用此种绕组。同芯式绕组又可分为圆筒式绕组、螺旋式绕组、连续式绕组、纠结式绕组等几种基本型式，如图 2-3 所示。

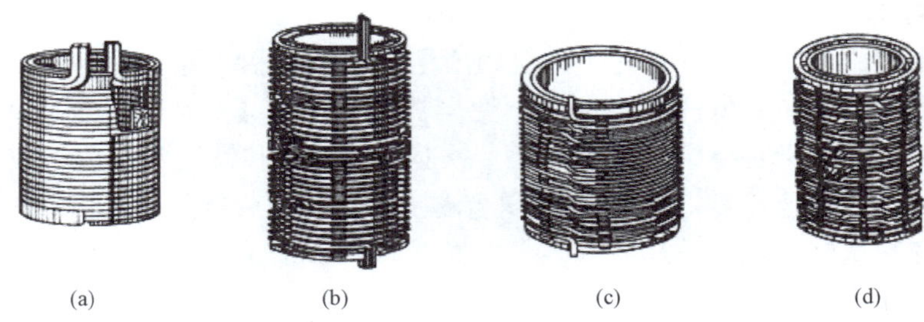

图 2-3 同芯式绕组的结构型式
(a) 圆筒式；(b) 螺旋式；(c) 连续式；(d) 纠结式

3. 变压器油及油箱

为了加强变压器的绝缘和冷却，一般电力变压器的绕组和铁芯均浸在变压器油箱中。在一些特殊场合，例如要求防火、易燃易爆危险场所、矿井等地方，则采用无油的干式变压器。这里主要介绍的是油浸式电力变压器。

(1) 变压器油。变压器油的作用，一是由于变压器油的绝缘性能好，可以增强变压器的绝缘；二是通过油在受热后的对流作用或用强迫循环的办法使变压器油把铁芯和绕组中散发出来的热量传给箱壁或冷却器，可以防止变压器的温升过高。

变压器油是从石油中分馏出来的矿物油，使用时应注意它的主要性能，如介质强度、黏度、闪点以及杂质含量是否符合国家标准。变压器油要求十分纯净，最好不含杂质，如酸、碱、硫、水分、灰尘、纤维等；若其中含有少量水分，将使变压器油的绝缘性能大为降低，所以盛在油箱中的变压器油，最好不要和外面的空气接触。

(2) 油箱。变压器油箱的结构，在很大程度上由其冷却方式决定。油浸自冷式变压器是靠油受热后自然循环的作用，把热量传给油箱，又由油箱散到空气中去。小容量 20～30kVA 变压器采用平板油箱，由钢板焊接而成。中等容量 50～2000kVA 的变压器，为了增加油箱的冷却面积，采用管式油箱。当油量继续增大，所需油管数目很多时，常把油管先做成散热器，再把散热器接到油箱上，这种油箱称为散热器式油箱。大容量 5000kVA 以上的电力变压器，在散热器上装有风扇。当油温上升到一定数值时，风扇自动开启吹风，以增加散热能力，这种变压器称为油浸风冷式变压器。为了在不增加变压器体积的前提下提高其容量，有时也采用强迫油循环冷却方式，即先用油泵把变压器油箱内的油排到箱外冷却器中冷却，然后再打入变压器油箱内。为了节省用油和增加油箱的机械稳定性，国产变压器均采用椭圆形油箱。变压器的油箱盖和油箱之间用耐油的橡皮垫封闭。

4. 储油柜

对于小型 50kVA 以下变压器，由于油量少，只需要把油箱盖紧即可。对于 50kVA 以上及大容量的电力变压器，油箱中油量很多，而油箱中的油在变压器运行过程中会热胀冷缩，体积将会发生变化，如果把油箱盖紧，那么，当变压器内部发生短路故障时，油受热膨胀，油箱中油面上升，油的体积变化更大，将使油箱受到过大的压力，严重时甚至可能将油箱胀坏。因此，为了给变压器油的胀缩留有余地，在变压器上装有起到缓冲作用的装置，称为储油柜，也称油枕或膨胀器。

储油柜的体积为变压器总油量的 2%～10%，储油柜一般做成圆筒形，用连接管与油箱连接。为了观察油面，在储油柜的侧壁设有油面指示器。有了储油柜后，就可以使油完全充满油箱，这样油与空气的接触面就减小了，因而减轻了油的氧化和受潮。

大型电力变压器在储油柜上部装设一个呼吸器，又称吸湿器。当油受热膨胀后，储油柜的油面上升，上半部的空气通过呼吸器排至外面大气中去。当温度下降后，油面也随着下降，外面空气通过呼吸器的管子又进入储油柜。呼吸器一端和储油柜上部相通，另一端朝下和外界空气相通。为了防止大气中的水分进入储油柜，在呼吸器的下端装有能够吸水分的变色硅胶。

5. 变压器的绝缘

绝缘是指变压器内导体之间和导体与地之间的介质结构。变压器的绝缘可以分为外部绝缘和内部绝缘。外部绝缘是指油箱盖外的绝缘，主要是使高低压绕组引出的瓷质绝缘套管和空气间的绝缘。内部绝缘是指油箱盖内部的绝缘，主要是线圈绝缘、内部引线绝缘等。绕组与绕组之间、绕组与铁芯及油箱之间的绝缘叫做主绝缘，绕组的匝间、层间及线段间的绝缘叫作纵绝缘。

6. 绝缘套管

绝缘套管是变压器绕组的引出装置，安装在变压器的油箱上部，绕组从油箱里面引到油箱外面时，必须穿过瓷质的绝缘套管，以实现带电的变压器绕组与接地的油箱绝缘。绝缘套管的结构主要决定于电压等级，电压越高，绝缘套管就越大，对电气绝缘要求也就越高。套管中充有油，但此油不与变压器油箱中的油相通。较低电压的套管一般用简单的瓷套中间穿过一导杆，较高电压的套管在瓷套和导杆之间要加上几层绝缘套。高压的套管，如电压为 110kV 及以上的高压套管，要采用电容式套管；10～35kV 采用空心充气或充油式套管；1kV 以下普遍采用实心瓷套管。

7. 变压器的调压装置

调压装置是在电力系统运行中为了适应系统电压幅值或相位在一定范围内变化的需要，而对变压器电压进行调整的装置。调节变压器的输出电压，要通过改变绕组的匝数来实现，一般是改变高压绕组的匝数，如图 2-4 所示，能实现这种调节的开关称为分接开关。分接开关分为无载分接开关和有载分接开关。无载分接开关又称无励磁分接开关，调节电压时，必须在没有负载的情况下，切断电源进行操作；有载分接开关则可以带电调节。

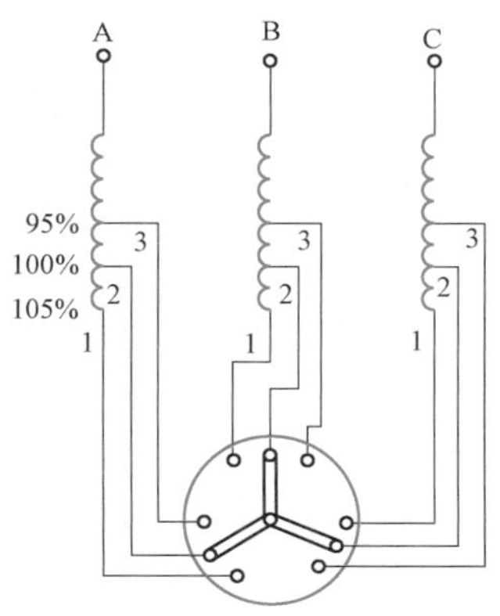

图 2-4　变压器的分接开关

对于一般配电变压器只有±5%和主抽头 3 个抽头；容量在 2000kVA 以上的变压器有±（1，2）×2.5%和主抽头 5 个抽头；电压为 110kV 以下有载调压变压器有±（1,2，3）×2.5%和主抽头 7 个抽头；电压为 220kV 变压器有±（1，2，3，4）×2.5%和主抽头 9 个抽头。

8. 安全气道或压力释放阀

安全气道又称为防爆管。变压器内部发生短路时，油急剧地分解而形成大量的气体。这时变压器的内压力急增，有可能损坏油箱，甚至发生爆炸。为了避免这种情况，在变压器的顶盖上装有防爆管，防爆管的外端封以玻璃片。当变压器内部压力突然增高时，油沿管子上升冲破玻璃片，油喷到外面，使油箱不致发生爆炸。在大、中型变压器中采用压力释放阀代替防爆管。

9. 气体继电器

气体继电器也称瓦斯继电器或浮子继电器，它是切除变压器内部故障的一种保护元件。气体继电器装在油箱与储油柜的连接管上。在变压器内部发生故障时，由于绝缘破坏而分解出来的气体，迫使气体继电器的触点接通，在控制室发出信号，运行人员立即采取消除故障的措施，防止事故继续扩大。

变压器的铭牌认知

二、电力变压器的铭牌数据

与各种电气设备一样，变压器外壳上有一铭牌。铭牌上不仅标示出变压器的型号、额定值和主要性能参数，还标明分接开关接入不同位置时的分接电压，油的质量、器身质量、冷却方式、产品代号、生产厂家和出厂日期等。变压器的铭牌示例如图 2-5 所示。

<table>
<tr><th colspan="8">电力变压器</th></tr>
<tr><td rowspan="2">分接位置</td><td colspan="2">高压</td><td>标准代号</td><td colspan="4">GB 1094.1,2—1996</td></tr>
<tr><td>电压(V)</td><td>电流(A)</td><td>标准代号</td><td colspan="4">GB 1094.3,5—1985</td></tr>
<tr><td>Ⅰ</td><td>10 500</td><td rowspan="3">4.6</td><td>产品型号</td><td colspan="4">S9－80/10</td></tr>
<tr><td>Ⅱ</td><td>10 000</td><td>产品代号</td><td colspan="2">1N.B.710.5315.1</td><td>相数</td><td>3相</td></tr>
<tr><td>Ⅲ</td><td>9500</td><td>额定容量</td><td colspan="2">80kVA</td><td>额定频率</td><td>50Hz</td></tr>
<tr><td colspan="3">低压</td><td>冷却方式</td><td colspan="2">ONAN</td><td>器身质量</td><td>320kg</td></tr>
<tr><td>电压(V)</td><td colspan="2">电流(A)</td><td>使用条件</td><td colspan="2">户外式</td><td>油质量</td><td>100kg</td></tr>
<tr><td>400</td><td colspan="2">115.5</td><td>连接组标号</td><td colspan="2">Dyn11</td><td>总质量</td><td>500kg</td></tr>
<tr><td colspan="2">阻抗电压</td><td>5%</td><td>绝缘水平</td><td>LI</td><td>75</td><td>AC</td><td>35</td></tr>
<tr><td></td><td></td><td></td><td>出厂序号</td><td colspan="4"></td></tr>
<tr><td></td><td></td><td></td><td>制造年月</td><td colspan="4"></td></tr>
<tr><td colspan="4">中华人民共和国</td><td colspan="4">变压器厂</td></tr>
</table>

图 2-5　三相油浸式电力变压器的铭牌

1. 电力变压器的型号

型号表示一台变压器的结构、额定容量、电压等级、冷却方式等内容，表示方法如下所示：

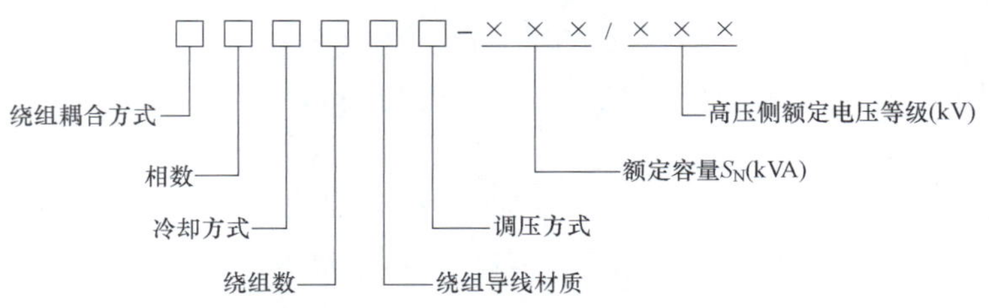

例如，标注以下各种类型变压器的型号含义。

（1）S9 - 3150/66 型电力变压器。三相铜绕组、油浸自冷双绕组、无载调压电力变压器；额定容量为 3150kVA；高压绕组额定电压为 66kV。

（2）SFSL1 - 6300/110 型电力变压器。其中：S—三相；F—油浸风冷式；S—三绕组；无载调压；L—铝绕组；1—设计序号；额定容量为 6300kVA；高压绕组额定电压为 110kV。

（3）OSFPSL - 120000/220 型降压自耦变压器。其中：O—自耦变压器；S—三相；FP—强迫油循环风冷式；S—三绕组无载调压；L—铝线绕组；额定容量 S_N 为120 000kVA；高压绕组额定电压为 220kV。

2. 电力变压器的额定值

（1）额定容量。电力变压器的额定容量 S_N，是指变压器在额定电压、额定频率、额定使用条件下输出视在功率能力的保证值。通常把双绕组变压器一、二次绕组的额定容量设计得相等，单位用 VA、kVA 或 MVA 表示。

（2）额定电压。变压器一次绕组额定电压 U_{1N} 是变压器铭牌上规定的接到一次绕组端头的电压。它是根据变压器的绝缘强度和允许发热条件而规定的一次绕组正常工作的电压值。变压器二次绕组额定电压 U_{2N}，是当一次绕组加上额定电压，而变压器分接开关置于额定分接头处时，二次绕组端的空载电压值。对于三相电力变压器，额定电压值指的是线电压数值，单位用 V 或 kV 表示。

（3）额定电流。对应于额定运行情况，一次绕组的额定电流为 I_{1N}，二次绕组的额定电流为 I_{2N}，对于三相电力变压器的额定电流值是指线电流数值，它可根据变压器的额定容量和额定电压求得，单位用 A 表示。

单相变压器，其一、二次侧额定电流计算式分别为

$$\left.\begin{aligned} I_{1N} &= \frac{S_N}{U_{1N}} \\ I_{2N} &= \frac{S_N}{U_{2N}} \end{aligned}\right\} \tag{2 - 1}$$

变压器铁芯多点接地案例

三相变压器，其一、二次侧额定电流计算式分别为

$$\left.\begin{aligned} I_{1N} &= \frac{S_N}{\sqrt{3}U_{1N}} \\ I_{2N} &= \frac{S_N}{\sqrt{3}U_{2N}} \end{aligned}\right\} \tag{2 - 2}$$

由于变压器满负荷运行时，二次侧的实际电压和空载时的二次电压不同，故在额定运行情况下，二次侧的实际视在功率和额定容量时亦不同。

（4）额定频率 f。我国规定的标准工业用三相交流电频率为 50Hz。

此外，变压器的铭牌上还标有相数、阻抗电压、连接组标号、冷却方式、使用条件等。

思考与练习

1. 简述油浸式电力变压器的基本结构和各部件的主要作用。

2. 油浸式电力变压器拆解时的注意事项有哪些？

3. 一台三相变压器，$S_N=2000$kVA，$U_{1N}/U_{2N}=35/6.3$kV，Yd11 连接。求一次侧、二次侧额定电流，计算一、二次绕组匝数比。

4. 某降压变压器的额定电压为 10/0.4kV，在高压侧有±5%分接头，如图 2 - 4 所示。现在分接头在额定电压位置（即中间位置 2），若需将二次侧空载电压升高 5%，分接头应调到几号端头？若一次侧电压升高了 5%，要维持二次侧空载电压不变，分接头应调到几号端头？

任务 2.2　油浸式电力变压器的检修

问题引入

变压器拆解以后，要在规定的时间内对变压器进行检修。检修项目有哪些？具体的检修方法是怎样的？

任务描述

对已经吊芯的变压器进行检修，查找故障，写出检修报告。

学习目标

（1）了解油浸式电力变压器的检修规程及检修项目。

（2）能够对小型电力变压器各附件进行初步检修。

（3）掌握变压器的基本电气试验方法。

预习内容

变压器绕组引线绝缘修复

变压器是供电部门变换交流电压的重要设备。长期运行和新安装的变压器，由于受到电磁力、热应力、电腐蚀、化学腐蚀、运输振动、受潮等影响，会导致各种故障。变压器发生故障或事故时，将会造成用户停电，因此，有必要对变压器进行定期检修。通过定期检修，达到消除隐患和故障，保证安全运行的目的。

变压器的检修以吊芯与否分为小修和大修。大修是将整个变压器解体并将器身从油箱中吊出而进行的各项检修。大修周期，一般在投入运行后的 5 年内和以后每间隔 10 年进行吊芯检修一次。变压器运行中发生故障，或在预防性试验中发现问题，也应该进行吊芯检修。随着点检制度的实行，随时检测电气设备的状态，及时消缺，大修周期可以延长。

吊芯后，首先对变压器器身进行冲洗，清除油泥和积污，并用干净的变压器油按照从下到上，再从上到下的顺序冲洗一次。不能直接冲到的地方，可用软刷刷洗，冲洗干净后进行大修。大修项目包括：吊器身（或钟罩）后对器身进行外部检查；检查铁芯及绕组，并处理其故障；检修分接开关、夹件、围屏，处理缺陷；油箱及其附件（包括高低压套管、储油柜、防爆管、温度计等）的检修；气体继电器的检修；冷却装置的检修；变压器油的处理或换油；清扫油箱及涂漆；进行规定的测量和试验。

1. 器身的整体检查

（1）全面检查器身的完整性，有无存在缺陷（如过热、弧痕、松动、线圈变形、开关触点变色等）。对异常情况要查找原因并进行处理，同时做好记录。

（2）器身暴露在空气中的时间不可过长（从抽油开始至注油止），相对湿度小于 65%约 16h，相对湿度小于 75%约 12h，当器身温度低于周围环境气温时，宜将变压器加热高出环境温度 10℃。

(3) 进行器身检查时，场地周围应清洁干净，并设置有防尘措施，油箱底应保持洁净无杂质。

(4) 强油冷却的线圈应注意检查固定于下夹件上的导向电木管连接是否牢固，密封是否良好，线圈围屏上的出线是否密封。

2. 绕组的检修

(1) 检查相间隔离板和围屏有无破损、变色、变形、放电痕迹。如发现异常应打开其他两相围屏进行检查。

(2) 检查绕组表面是否清洁，匝绝缘有无破损。应使绕组表面清洁且无油垢、无变形，整个绕组无倾斜、位移。

(3) 检查绕组各部分垫块有无位移和松动。

(4) 用手指按压绕组表面，检查其绝缘状态，有无凹陷和松弛现象。鉴别可按以下四种情况进行。

1) 良好绝缘状态（又称一级绝缘）：绝缘有弹性，用手指按压后无残留变形，或聚合度在750mm以上。

2) 合格绝缘状态（又称二级绝缘）：绝缘稍有弹性，用手指按压后无裂纹、脆化，或聚合度在750～500mm之间。

3) 可用绝缘状态（又称三级绝缘）：绝缘轻度脆化，呈深褐色，用手指按压时有少量裂纹和变形，或聚合度在500～250mm之间。

4) 不合格绝缘状态（又称四级绝缘）：绝缘已严重脆化，呈深褐色，用手指按压时即酥脆、变形、脱落，或聚合度在250mm以下。

(5) 检查线圈油道有无被油垢或杂物堵塞。必要时可用软毛刷（白布或泡沫塑料）轻轻擦洗。

(6) 进行绝缘电阻和直流电阻测试，根据绕组损坏的程度决定进行局部修理或重绕。

当检查发现绕组有短路、接地、绝缘击穿故障或绝缘老化脱落等现象时，应进行重绕；对于大型变压器，将其送回制造厂修理，或由制造厂绕好线圈后运送到现场进行修理。对于中小型变压器的重绕和大型变压器的绕组局部修理可在现场检修间进行。

3. 铁芯的检修

(1) 检查铁芯外表是否平整，有无放电烧伤痕迹，有无片间短路或变色，上铁轭的顶部和下铁轭的底部是否有油垢杂物。若叠片有翘起或不规整之处，可用铜锤或木锤敲打平整。

(2) 检查铁芯、上下夹件、方铁、线圈连接片的紧固度和绝缘情况。

(3) 检查压钉、绝缘垫圈的接触情况。用专用扳手逐个紧固上下夹铁、正反压钉等各部位的紧固螺栓，压钉与绝缘垫圈接触良好，无放电烧伤痕迹，反压钉与上夹铁间有足够距离。

(4) 检查穿芯螺栓与铁芯之间的绝缘情况，并用专用扳手紧固上下铁芯的穿芯螺栓，使穿芯螺栓紧固，其绝缘电阻与历次试验比较应无明显变化。

(5) 检查铁芯间和铁芯与夹铁之间的油路。油路应畅通，油道垫块无脱落、堵塞。

（6）检查铁芯接地铜片的连接及绝缘状况是否良好。

当穿芯螺栓与铁芯有两点或多点连接时，会产生较大的涡流，造成铁芯发热而烧坏。修理方法一般是更换穿心螺栓上的绝缘管和绝缘衬垫，拆开接地片，用绝缘电阻表测量铁芯与穿芯螺栓及上下夹铁之间的绝缘电阻，应不低于 10MΩ。

当硅钢片间绝缘脱落、绝缘炭化或变色等，应拆开铁芯修理。若叠片只有部分绝缘损坏，应将损坏的部分刮掉，清除干净后，补涂绝缘漆；若有数处绝缘损坏，应将整个硅钢片用钢丝刷或用刮刀刮净后再涂漆。涂漆要求漆膜均匀，无漆瘤和空白点以及残留刷毛的现象。

4. 引线的检修

（1）检查引线有无变形、变脆、破损、断股，引线与引线接头处焊接是否良好，有无过热现象。

（2）检查线圈至分接开关的引线接头的焊接情况是否良好，有无过热现象。引线对各部位的绝缘距离、引线的固定情况是否符合要求。

（3）检查绝缘支架有无松动和裂纹以及位移情况，检查引线在绝缘支架内的固定情况。

5. 油箱及钟罩的检修

（1）检查油箱内部清洁度并进行清扫。

（2）清扫强油管路，并检查强油管路的密封情况。

（3）检查套管的升高座，一般升高座的上部应设有放气塞，对于大电流套管，为防止涡流发热，三相之间应采取隔离措施。

（4）检查油箱（或钟罩）大盖是否保持平整，接头焊缝用砂轮打平，箱沿内侧可加焊防止胶垫移位的圆钢或方铁。

（5）检查铁芯定位螺栓，检查隔磁及屏蔽装置。

（6）检查油箱强度和密封性能，检查油箱及大盖等外部，进行清扫及除锈（特别是焊缝），如有砂眼渗漏应进行补焊并重新喷漆。

其他附件的检修详见子任务 2.2.1～2.2.5。

子任务 2.2.1　绝缘套管（纯瓷充油式）的检修

任务要求

分组，明确任务内容及操作步骤，观看老师操作示范或者先进行仿真操作，记录安全注意事项，对纯瓷充油套管进行拆卸检修。

操作要点及注意事项：

（1）应注意与带电设备保持足够的安全距离，准备充足的施工电源及照明。

（2）按厂家规定正确吊装设备，设置揽风绳控制方向，并设专人指挥。

（3）拆解作业使用工具袋。

（4）高空作业严禁上下抛掷物品，应按规程使用安全带，安全带应挂在牢固的构件上，禁止低挂高用。

（5）严禁攀爬套管。

任务实施

1. 瓷套本体的拆卸

(1) 拆除套管前先进行本体排油，排油时应将变压器储油柜与气体继电器连接处的阀门关闭，瓦斯排气打开，将油面降至手孔 200mm 以下。

配电变压器套管的典型故障分析

(2) 设置检修手孔的升高座，应将油面降至检修孔下沿 200mm 以下。

(3) 套管拆卸前应先将其外部和内部的端子连接排线全部脱开，依次对角松动安装法兰螺栓，轻轻摇动套管，防止法兰受力不均损坏瓷套，待密封垫脱开后取下套管。

2. 外表面的检修

外表面应清洁，无放电痕迹、无裂纹、无破损、渗漏现象。

3. 导电杆和连接件的检修

应完整无损，无放电、油垢、过热、烧损痕迹，紧固螺栓或螺母有防止松动的措施；拆导电杆和法兰螺栓时，应防止导电杆摇晃损坏瓷套，拆下的螺栓应进行清洗，丝扣损坏的应进行更换或修理，螺栓和垫圈不可丢失。

4. 绝缘筒或带绝缘覆盖层的导电杆的检修

取出绝缘筒（包括带绝缘覆盖层的导电杆），擦除油垢，检查应完整，无放电、油垢和损坏，并处于干燥状态。绝缘筒及在导电杆表面的覆盖层应妥善保管，防止受潮和损坏。

5. 瓷套和导电杆的检修

瓷套内外部应清洁、无油垢，用白布擦拭；在套管外侧根部根据情况均匀喷涂半导体漆。

有条件时，应将拆下的瓷套和绝缘件送入干燥室进行轻度干燥，干燥温度 70～80℃，时间不少于 4h，升温速度不超过 10℃/h，防止瓷套发生裂纹。

重新组装时更换新胶垫，位置要放正，脚垫压缩均匀，密封良好。注意绝缘筒与导电杆相互之间的位置，中间应有固定圈防止窜动，导电杆应处于瓷套的中心位置。

6. 放气塞的检修

放气通道畅通、无阻塞，更换放气塞密封圈并确保封圈入槽。

7. 密封面的检修

瓷密封面平整无裂纹或损伤，清洁无涂料；有金属安装法兰的密封面平整无裂痕或损伤，金属法兰和瓷套结合部的填料或胶合剂无开裂、脱落、渗漏油现象。

8. 套管整体的复装

复装前应确认套管未受潮，如受潮应干燥处理，更换密封垫。检修过程中采取措施防止异物掉入油箱。

穿缆式套管应先用斜纹布带缚住导电杆，将斜纹布袋穿过套管作为引导，将套管徐徐放入安装位置的同时拉紧斜纹布袋将导电杆拉出套管顶端，再依次对角拧紧安装法兰螺栓，使密封垫均匀压缩 1/3（胶棒压缩 1/2）。确认导电杆到位后，在拧紧固定密封垫圈螺母的同时，应注意套管顶端密封垫的压缩量，防止渗漏油或损坏瓷套。

导杆式套管先找准其内部软连接的对应安装角度，依次对角拧紧安装法兰螺栓，使密封垫均匀压缩 1/3（胶棒压缩 1/2）。调整套管外端子的方向，以适应和外接线排的连接，最后将套管外端子紧固。

任务验收

检修完毕后，各小组请老师评价任务完成情况。操作不合格的小组，根据老师的点评继续练习，完成变压器检修作业指导卡（附录 D 中变压器瓷套管检修作业指导卡）。

子任务 2.2.2　吸湿器的检修

任务要求

分组，明确任务内容及操作步骤，观看老师操作示范或先进行仿真操作，记录安全注意事项，对吸湿器进行拆卸检修。

操作注意事项：

（1）拆卸前检查吸湿器的呼吸情况。

（2）拆卸中需有专人扶持，防止吸湿器滑落损坏。

任务实施

1. 吸湿器拆卸

（1）拆除油封罩。

（2）拆除穿心螺杆两侧螺母。

（3）拆除上下法兰座，取出滤网，倒出失效的硅胶。

（4）将玻璃和拆卸的所有部件妥善存放。

2. 吸湿器检修

（1）清洗上下法兰座，达到无锈蚀、无污垢。

（2）清洗玻璃罩，检查玻璃罩密封面应无损伤。

（3）检查滤网应完整无损，通气孔要畅通。

（4）玻璃油杯应清洁完好，油位标志鲜明。

3. 吸湿器回装

（1）吸湿剂宜采用无钴变色硅胶，应经干燥。

（2）吸湿剂的潮解变色不应超过 2/3，更换硅胶应保留 1/6～1/5 高度的空隙。

（3）更换密封垫，密封垫压缩量为 1/3（胶棒压缩 1/2）。

（4）油杯注入干净变压器油，加油至正常油位线，油面应高于呼吸管口。

（5）新装吸湿器，应将内口密封垫拆除，并检查吸湿器呼吸是否畅通。

任务验收

检修完毕后，各小组请老师评价任务完成情况。操作不合格的小组继续练习，完成变压器检修作业指导卡（附录 D 中呼吸器硅胶更换作业指导卡）。

子任务 2.2.3 储油柜的检修

任务要求

分组，明确任务内容及操作步骤，观看老师操作示范或先完成仿真操作，记录安全注意事项，对储油柜进行拆卸检修。

操作安全注意事项如下。

（1）应注意与带电设备保持足够的安全距离，准备充足的施工电源及照明。

（2）吊装储油柜时应选用合适的吊装设备和正确的吊点，设置揽风绳控制方向，并设置专人指挥。

（3）储油柜要放置在事先准备好的枕木上，以防损坏储油柜。

（4）拆接作业使用工具袋，防止高处落物。

（5）高空作业应按规程使用安全带，安全带应挂在牢固的构件上，禁止低挂高用。

（6）严禁上下抛掷物品。

任务实施

1. 储油柜拆卸

（1）拆除管道前关闭连通气体继电器的碟阀，拆除后应及时密封。

（2）起吊储油柜时注意吊装环境。用吊车和吊具吊住储油柜，拆除储油柜固定螺栓，吊下储油柜。

2. 储油柜检修

（1）检查外表面应清洁、无锈蚀；检查内表面应清洁，无毛刺、腐蚀和水分。

（2）放出储油柜内的存油，取出胶囊，清扫储油柜，储油柜内部应清洁，无锈蚀和水分。胶囊应无老化开裂现象，密封性能良好。胶囊在安装前应在现场进行密封试验，如发现有泄漏现象，需对胶囊进行更换。清洁胶囊，将胶囊挂在挂钩上，保证胶囊悬挂在储油柜内，防止胶囊堵塞各联管口。

（3）储油柜内有小胶囊时，应排净小胶囊内的空气，检查玻璃管、小胶囊、红色浮标应完好。

（4）排除集污盒内污油。集污盒、塞子整体密封良好无渗漏，耐受油压 0.05MPa、6h 无渗漏。

（5）管式油位计内油清晰、无杂质，油位清晰可见，油位标示线指示清晰；指针油位计的伸缩杆伸缩自如，无折裂现象。

（6）检查管道表面应清洁，管道应畅通无杂质和水分；若有安全气道，则应和储油柜间互相连通；呼吸畅通。

（7）整体密封处理和检查，更换密封件，密封良好无渗漏，应耐受油压 0.05MPa、6h 无渗漏。

3. 储油柜回装

（1）更换所有连接管道的法兰密封垫。

（2）保持连接法兰的平行和同心，密封垫压缩量为 1/3（胶棒压缩 1/2）。

（3）管式油位计复装时应注入 3～4 倍玻璃管容积的合格绝缘油，排尽小胶囊中的气体；指针式油位计复装时应根据伸缩连杆的实际安装结点用手动模拟连杆的摆动观察指针的指示位置应正确，然后固定安装结点。

（4）胶囊密封式储油柜注油时，打开顶部放气塞，直至冒油立即旋紧放气塞，再调整油位，以防止出现假油位。

（5）安装后应确认蝶阀位置正确。

任务验收

检修完毕后，各小组请老师评价任务完成情况。操作不合格的小组继续练习，完成变压器检修作业指导卡（附录 D 中变压器储油柜检修作业指导卡）。

子任务 2.2.4 无励磁分接开关的解体检修

任务要求

分组，明确任务内容及操作步骤，观看老师操作示范或先完成仿真操作，记录安全注意事项，对无励磁分接开关进行解体检修。

操作安全注意事项：应注意与带电设备保持足够的安全距离，准备充足的施工电源及照明。

无励磁分接开关的调压

任务实施

1. 操动机构的检修

（1）应先将开关调整到极限位置，安装法兰应做定位标记，三相联动的传动机构拆卸前也应做定位标记。

（2）机械转动灵活，转轴密封良好，无卡滞；逐级手摇时检查定位螺栓应处在正确位置；极限位置的限位应准确有效。

（3）上部指示位置与下部实际接触位置应相一致；定位螺栓应处在正常位置。

2. 开关的检修

开关应完整无缺损，所有紧固件均应拧紧、锁住，无松动。

3. 触头的检修

触头表面应光洁，无变色、镀层脱落及无损伤，无放电、过热、烧损、松动现象。弹簧无松动。触头接触压力均匀、接触严密。触头接触电阻应小于 500$\mu\Omega$；触头接触压力应在 0.25～0.5MPa 之间，或用 0.02mm 塞尺检查应无间隙。

4. 绝缘件的检修

（1）绝缘件、绝缘筒和支架应完好，无受潮、破损、剥离开裂或变形、放电，表面清洁无油垢。

（2）操作杆绝缘良好，无弯曲变形，拆下后，应做好防潮、防尘措施。

（3）操作杆 U 型拨叉应保持良好接触，无悬浮状态。

5. 操作机构回装

（1）复装时对准原标记，拆装前后指示位置必须一致，各相手柄及传动机构不得互换。

（2）密封垫圈入槽、位置正确，压缩均匀，法兰面啮合良好无渗漏油。

（3）调试最好在注油前和套管安装前进行，应逐级手动操作，操作灵活无卡滞，观察和通过测量确认定位正确、指示正确、限位正确。

（4）无励磁分接开关在改变分接位置后，必须测量使用分接位置的直流电阻和变比。

任务验收

检修完毕后，各小组请老师评价任务完成情况。操作不合格的小组继续练习，完成变压器检修作业指导卡（附录 D 中无励磁分接开关检修作业指导卡）。

子任务 2.2.5 有载分接开关的解体检修

任务要求

有载分接开关

分组，明确任务内容及操作步骤，观看老师操作示范或先完成仿真操作，记录安全注意事项，对有载分接开关进行解体检修。

操作安全注意事项：

（1）检修前断开有载分接开关控制、操作电源。

（2）拆解作业使用工具袋，防止高处落物。

（3）按厂家规定正确吊装设备，用缆风绳在专用吊点用吊绳绑好，并设专人指挥。

（4）高空作业应按规程使用安全带，安全带应挂在牢固的构件上，禁止低挂高用。

（5）严禁上下抛掷物品。

（6）严禁踩踏有载开关防爆膜。

任务实施

1. 电动机构箱检修（可结合有载分解开关导则）

（1）机构箱密封与防尘情况良好。

（2）电气控制回路各接点接触良好。

（3）机械传动部位连接良好，有适量的润滑油。

（4）电气和机械限位良好，升降挡圈数符合制造厂规定。

（5）机构挡位指针停止在规定区域内与顶盖挡位、远方挡位一致。

2. 切换开关吊芯

（1）确定放油管截门打开，将油室油放尽。

（2）松开电动机构与分接开关的水平传动轴，拆除头盖，注意保存好密封胶垫。

（3）拆除分接位置指示盘上的 M5 固定螺栓，然后向上取下分接位置指示盘。卸除切换开关本体支撑板上的螺母。

（4）用合格变压器油冲洗切换开关及油室，用无绒干净布擦净油室内壁及开关上的积污。在整定工作位置，小心吊出切换开关芯体。

（5）用合格绝缘油冲洗管道及油室内部，清除切换芯体及选择开关触头转轴上的游离碳。

（6）使用起重吊垂直缓慢地吊起切换开关，并放在平坦清洁的地方，用清洁布盖好，防止异物落入。

3. 切换开关检查

（1）紧固件无松动现象，过渡电阻及触头无烧损。

（2）快速机构的弹簧无变形、断裂。

（3）各触头编织软连接线无断股、起毛；触头无严重烧损。

（4）过渡电阻无断裂，直流电阻阻值与产品出厂铭牌数据相比，其偏差值不大于±10%。

（5）触头接触电阻应符合要求。

（6）绝缘筒完好，绝缘筒内外壁应光滑、颜色一致，表面无起层、发泡裂纹或电弧烧灼的痕迹。

（7）绝缘筒与法兰的连接处无松动、变形、渗漏油。

4. 分接选择器、转换选择器检修（只有吊罩才进行的检修）

（1）检查分接选择器和转换选择器触头的工作位置；分接选择器和转换选择器动、静触头无烧伤痕迹与变形；无过热、磨损迹象。

（2）检查绝缘杆无损伤、分层开裂及变形。

（3）对带正反调压的分接选择器，检查连接“K”端分接引线在“+”“−”位置上，与转换选择器的动触头支架（绝缘杆）的间隙不小于 10mm。

（4）级进槽轮传动机构完好。

（5）手摇操作分接选择器 $1 \rightarrow n$ 和 $n \rightarrow 1$ 方向分接变换，逐挡检查分接选择器触头分合动作和啮合情况。

5. 切换开关回装

（1）用吊车吊牢切换开关对正缓慢落下开关桶，与底部嵌件位置找正固定。插入抽油管后注入合格绝缘油至上口沿 50mm 处。

（2）装好分接开关大盖。补充绝缘油至储油柜规定位置。

（3）组装后的开关，检测动作顺序及机械特性应符合出厂技术文件的要求。

6. 分接开关与电动机构的连接

（1）分接开关与电动机构均应在整定工作位置，然后连接垂直与水平传动轴，连接的两端自然对接，紧固螺栓，锁定片，并有足够的轴向间隙。

（2）手动操作 $1 \rightarrow n$ 方向分接变换，记录切换开关切换时（以切换响声为依据）至电动机构分接变换指示轮上绿色区域内的红色中心标志出现在观察窗中心线时止的转动圈数为 m。

（3）手动操作 $n \rightarrow 1$ 方向分接变换，记录切换开关切换时（以切换响声为依据）至电动机构分接变换指示轮上绿色区域内的红色中心标志出现在观察窗中心线时止的转动圈数为 k。

（4）若两个方向的转动圈数 $m=k$，说明连接正确。若 m 与 k 的差值大于 1，应断开分接开关与电动机构的垂直传动轴，向圈数多的方向转动，转动圈数为 m 与 k 的差值的一半。

（5）恢复连接分接开关与电动机构的垂直传动轴。

（6）重复（2）～（5）的操作，直到 m 与 k 的差值小于 1。

任务验收

检修完毕后，各小组请老师评价任务完成情况。操作不合格的小组继续练习，完成变压器检修作业指导卡（附录 D 中有载分接开关检修作业指导卡）。

任务 2.3　油浸式电力变压器的试验

问题引入

油浸式电力变压器的检修试验可分为状态预知性试验、诊断性试验和大修试验。以停电试验为主，带电检测试验和在线监测试验可做参考。大修试验项目又包括大修前、大修中和大修后三个阶段进行的各种试验。那么变压器最基本的试验有哪些？这些试验的试验目的是什么？如何操作？

任务要求

根据试验规范，对变压器进行试验，根据试验结果判别变压器状态。

学习目标

（1）了解变压器试验项目及试验规程。

（2）掌握常用仪表的使用方法。

（3）掌握各种试验的判别标准。

子任务 2.3.1　绕组直流电阻的测量

预习内容

一、测量目的

检查导电回路是否存在短路、开路或接错线；检查各相绕组电阻是否平衡，检查绕组导线的焊接点、引线与套管的连接处是否良好，测量分接开关的过渡电阻等；还可以用来核对绕组所用的导线规格是否符合设计要求。

二、测量注意事项

（1）使用电桥时，应将电桥平稳安放，否则会影响测量准确度，同时将导线连接稳固，保证接触良好，否则也会影响测量精度。测量时，先接通电源，通电一段时间后，再按检流计按钮；测完放开时，与上述程序相反。

（2）连接导线应有足够的截面积，并保证接触良好。

（3）测量电阻时应准确记录温度。油浸式变压器可用上层油温作为绕组温度，但油箱上、下部温差不得超过 3℃；吊出器身放在室内时间较长时，可用环境温度作为绕组温度；当温度不稳定时，要等温度稳定后再进行测量。

（4）三相变压器有中性线引出时，测量相电阻；无中性线引出时，测量线电阻。

（5）测量大型高压变压器绕组的直流电阻时，其他非被测绕组应短路接地，防止直流电源通、断时产生高压，危及设备和人身安全。

（6）有载调压变压器测量绕组直流电阻时应采用电动操作分接位置。如有正、反励磁开关（极性选择器）时，应在一个方向测量所有分接位置的直流电阻，然后在另一个方向测量 1～2 个分接位置的直流电阻。

（7）无载调压变压器测量绕组直流电阻时，无励磁分接开关应使定位装置进入指定位置。

（8）测量二次绕组直流电阻时，由于引线、铜排长度不同，会使三相电阻不一致，这时应分段测量，去除引线长度不同和套管焊接部分的影响，直接测量每相绕组电阻。

任务实施

平衡电桥法是采用电桥平衡的原理来测量直流电阻，常用的平衡电桥法有单臂电桥和双臂电桥两种。当被试线圈的电阻值在 10Ω 及以上时，一般用单臂电桥测量，如图 2－6所示；当被试线圈的电阻值小于 10Ω 时，采用双臂电桥，如图 2－7 所示。

图 2－6　QJ23 型直流单臂电桥

图 2－7　QJ44 型直流双臂电桥

一、电桥的使用方法

1. 单臂电桥测试直流电阻

（1）将电桥放置于平整位置，放入电池。

（2）先将检流计的锁扣打开（内接到外接），调节调零器把指针调到零位。

（3）把被测电阻接在“R_x”的位置上。

（4）用万用表估计被测电阻的大小，选择适当的桥臂比率，使比较臂的 4 挡都能被充分利用。这样容易把电桥调到平衡，并能保证测量结果的 4 位有效数字。

（5）先按电源按钮 B（锁定），再按下检流计的按钮 G（点接）。

（6）调整比较臂电阻使检流计指向零位，电桥平衡。若指针指“＋”，则需增加比较臂电阻；指针指向“－”，则需减小比较臂电阻。

（7）读取数据：比较臂×比率臂＝被测电阻。

（8）测量完毕，先断开检流计按钮 G，再断开电源按钮 B，然后拆除被测电阻，再将检流计锁扣锁上（外接打回内接），以防搬动过程中损坏检流计。

需要注意的是，发现电池电压不足时应更换，以免影响电桥的灵敏度。

2. 双臂电桥测试直流电阻

（1）将电桥放置于平整位置，放入电池。

（2）按图 2 - 8 接线方式接入被试品电阻 R_x。图中被测电阻是变压器的绕组直流电阻，其接线端子是 A、X，试验引线需 4 根，分别单独从双臂电桥的 C1、P1、P2、C2 4 个接线柱引出。由 C1、C2 与被测电阻构成电流回路，而 P1、P2 则是电位采样，供检流计调平衡之用。电流接线端子 C1、C2 的引线应接在被测绕组的外侧（即端子 A、X 处），而电位接线端子 P1、P2 的引线应接在 C1、C2 的内侧，这样接线可避免将 C1、C2 的引线与被测绕组连接处的接触电阻测量在内。

（3）接通电桥电源开关，待放大器稳定后检查检流计是否指零位，如不在零位，调节调零旋钮，使表针指示零位。

（4）检查灵敏度旋钮，应在最小位置。

（5）估算被测电阻大小，将倍率开关和电阻读数步进开关放置在适当位置。

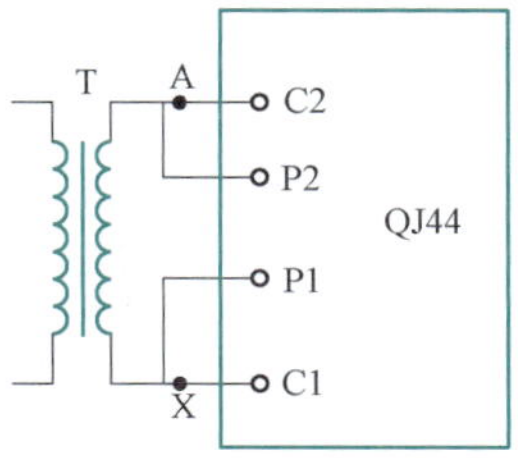

图 2 - 8　双臂电桥接线方法

（6）按下电池按钮“B”，对被测电阻 R_X（在图 2 - 8 中是变压器 T）进行充电。待一定时间后，估计充电电流渐趋稳定，再按下检流计按钮“G”，根据检流计的偏转方向“＋”或“－”，逐渐增加或减小步进读数开关的电阻数值，以使检流计指向零位，并逐渐调节灵敏度旋钮，使灵敏度达到最大，检流计指零位。必要时可旋转电阻滑线盘，作为调节检流计指零位的微调手段。

（7）在灵敏度达到最大，检流计指示零位，稳定不变的情况下，读取步进开关和滑线盘两个电阻读数并相加，再乘以倍率开关的倍率读数，即为最后电阻读数。

（8）在灵敏度达到最大，检流计指示零位，稳定不变的情况下，不等读数结束，可先行松开检流计按钮“G”；在读数结束，经复核无疑问后，再断开电池按钮开关“B”。这两个按钮开关在按下时稍一旋可锁定在合闸位置。在整个测试过程中，电池按钮开关“B”锁定在合闸位置，以保证对被测电阻 R_x 的稳定充电。而检流计按钮“G”在测试之初不可锁定，以避免检流计长时间通过大电流，只可轻轻按下，随即松开，只要看清检流计指针的偏转方向即可，以便掌握电阻数值调节方向是增大还是减小。只有当灵敏度调节到较大位置，检流计指针偏转缓慢时，才可将按钮“G”按下旋转锁定在合闸位置，以便慢慢旋转调节滑线电阻盘，最后读取测试数值。

（9）测试结束时先断开检流计按钮开关“G”，然后才可断开电池按钮开关“B”，最后拉开电桥电源开关，拆除电桥接到被测电阻的四根引线 C1、P1、P2 和 C2。

为了测试准确，采用双臂电桥测试小电阻时，所使用的 4 根连接引线一般选用较粗、较短的多股软铜绝缘线，其阻值不大于 0.01Ω。如果导线太细、太长、电阻太大，则导线上会存在电压降，本来测试时使用的干电池电压就不高，如果引线存在压降过大，会影响测试时的灵敏度，影响测试结果的准确性。

二、 判断标准

绕组直流电阻的不平衡率为

$$\frac{R_{max}-R_{min}}{R_{av}}\times 100\% \tag{2-3}$$

式中 R_{max}——测得的直流电阻最大值；

R_{min}——测得的直流电阻最小值；

R_{av}——测得的直流电阻平均值。

1600kVA及以下三相变压器，各相测得值的相互差值应小于平均值的4%，线间测得值的相互差值应小于平均值的2%；1600kVA以上三相变压器，各相测得值的相互差值应小于平均值的2%，线间测得值的相互差值应小于平均值的1%。

由于变压器结构等原因，差值超过上述标准时，应满足与同温下产品出厂实测数值比较，相应变化不应大于2%。不同温度下电阻值换算可按下式进行

$$R_2 = R_1\frac{T+t_2}{T+t_1} \tag{2-4}$$

式中 R_1、R_2——温度在 t_1、t_2时的电阻值；

T——计算用常数，铜导线取235，铝导线取225。

三、小组讨论

测出被测变压器的三相直流电阻，计算不平衡率是否在规定范围内，如果超过规定范围，分析引起三相电阻不平衡的原因有哪些。

四、故障分析

引起三相电阻增大或不平衡的原因大致有以下几种情况：

（1）分接开关接触不良。如触头松动、触头表面脏污、弹簧失效、电镀层脱落等，此外箱盖上分接开关操作手柄固定不牢、分接不正确，使得开关受力不均匀，这些均会造成接触不良。

（2）焊接质量不好。如引线与绕组的焊接开裂、多股并联绕组有个别股开断使电阻变大。

（3）套管与导电杆和导线连接处接触不良。

（4）绕组有一相或两相断线。

（5）绕组存在匝间或层间短路。

需要注意直流电阻试验后剩磁对其他试验项目的影响。

子任务 2.3.2 绝缘电阻和吸收比的测量

预习内容

一、测量目的

测试变压器的绝缘电阻和吸收比主要是为了检查变压器整体绝缘情况；验证变压器组装后干燥处理是否良好；检查绝缘受潮和局部缺陷，如引线接地、断线，套管开裂或引线碰地所形成的金属性短路等；确定变压器主绝缘性能是否良好，能否进行高压试验；变压器能否继续运行和出厂。

二、测试注意事项

（1）绝缘电阻表接线最好用屏蔽线，不要用绞线，无屏蔽线可用单根导线连接。

（2）试验大容量变压器绝缘电阻时，测试 R_{60s} 绝缘电阻后，在转动情况下立即断开绝缘电阻表，然后再停止转动，以防被测变压器电容电流倒充，损伤仪表。

（3）测试前，要求被测变压器温度稳定，并且记录变压器线圈温度、上层油温作为绝缘电阻的测试温度。

（4）注油后的变压器，要静放一段时间再测试，静放时间一般不少于 12h。

（5）在测试吸收比时，被测线圈应先接地，接地时间不少于 2min，测试后要进行放电。

（6）测试螺杆、夹件与铁芯间绝缘电阻时，夹件、螺杆以及穿心螺栓等与铁芯之间应有绝缘垫板或绝缘套管等隔开，以防产生较大的感应涡流。

（7）铁芯要单点正确接地，以防铁芯感应悬浮电位。

任务实施

一、测试方法

（1）测量前将变压器断开电源，对变压器进行充分放电。

配电变压器绝缘电阻的测量流程

（2）仪表的选择。根据被测变压器电压等级 U_N 选择仪表。当 $U_N<1000V$ 时，选用 500～1000V 绝缘电阻表；当 $U_N \geqslant 1000V$ 时，选用 2500V 绝缘电阻表；当 $U_N \geqslant 66kV$ 时，选用 5000V 绝缘电阻表。绝缘电阻表外形如图 2-9 所示。

（3）绝缘电阻表的检查。短路试验时，绝缘电阻表指针指向零；开路试验时，绝缘电阻表指针指向无穷大。

（4）接线。测试时，被测端短接，非被测端短接并接地。以测量高压侧绕组对地绝缘为例，用裸导线将高压侧 A、B、C 短路，将低压侧 a、b、c 短路并接地，如图 2-10 所示。

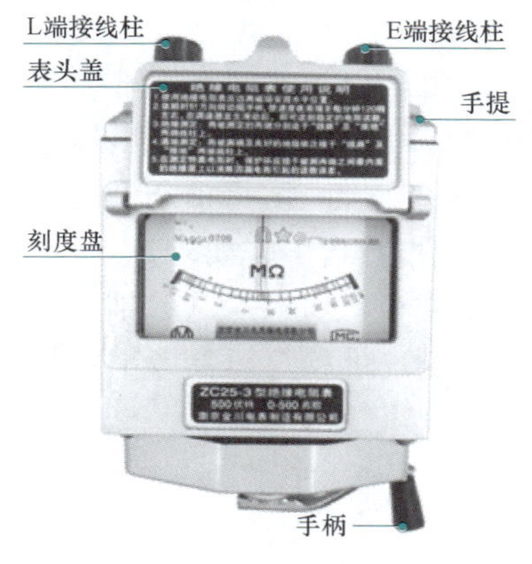

图 2-9　绝缘电阻表外形

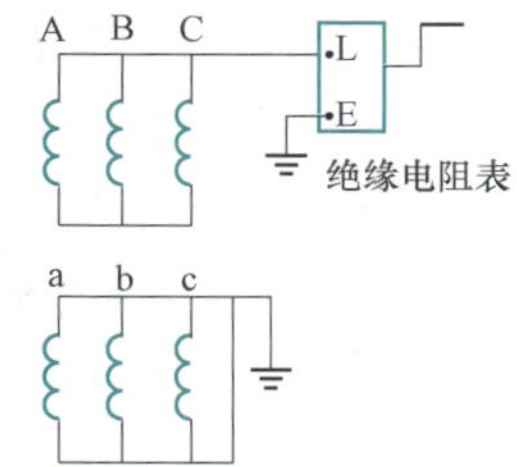

图 2-10　绝缘电阻表接线方法

变压器绝缘电阻的测量

（5）测量记录。连接绝缘电阻表的“E”端到接地点，旋转绝缘电阻表达到额定转速 120r/min 左右，再搭接“L”端，绝缘电阻表到达额定输出电压后，待读数稳定或 60s 时，读取绝缘电阻值，并记录。若测量绝缘电阻阻值大于 10000MΩ，不需要测量吸收比和极化指数。需要测量吸收比和极化指数时，分别在 15s、60s、10min 读取

绝缘电阻值 R_{15s}、R_{60s}、R_{10min}，并做好记录，吸收比计算公式为

$$K_1 = R_{60s}/R_{15s} \tag{2-5}$$

极化指数技术公示为

$$K_2 = R_{10min}/R_{60s} \tag{2-6}$$

读取绝缘电阻值后，如使用仪表为手摇式绝缘电阻表，应先断开接至被试品高压端的连接线，然后将绝缘电阻表停止运转；如使用仪表为全自动式绝缘电阻表，应等待仪表自动完成所有工作流程后，断开接至被试品高压端的连接线，然后将绝缘电阻表停止工作。

（6）将被测点放电。测量结束时，被试品还应对地进行充分放电，对电容量较大的被试品，应先经过电阻放电再直接放电，放电时间应不少于 5min。

二、判断标准

绝缘电阻值应满足用户要求且纵向比较应无明显差别。当无出厂试验报告或其他参考数据时，油浸电力变压器绕组绝缘电阻的最低允许值可参照表 2-1。

表 2-1　油浸电力变压器绕组绝缘电阻的最低允许值

序号	高压绕组电压等级（kV）	温度（℃）								
		5	10	20	30	40	50	60	70	80
1	3～10	675	450	300	200	130	90	60	40	25
2	20～35	900	600	400	270	180	120	80	50	35
3	66～330	1800	1200	800	540	360	240	160	100	70
4	500	4500	3000	2000	1350	900	600	400	270	180

注意：绝缘电阻对温度很敏感，尽可能在上层油温低于 50℃时测量。变压器电压等级为 35kV 及以上时，应测量吸收比，吸收比与产品出厂值相比应无明显差别，在常温下不应小于 1.3；当 R_{60s}大于等于 3000MΩ 时，吸收比可不作要求。变压器电压等级为 220kV 及以上时，宜测量极化指数，极化指数不应小于 1.3；测得值与产品出厂值相比，应无明显差别；当 R_{60s}大于等于 10000MΩ 时，极化指数可不作要求。

由于温度、湿度、脏污等条件对绝缘电阻的影响很明显，所以对试验结果进行分析时，应排除这些因素的影响，特别应考虑温度的影响。温度的换算可参考下式进行

$$R_2 = R_1 \times 1.5^{(t_1-t_2)/10} \tag{2-7}$$

式中　R_1、R_2——温度为 t_1、t_2时的绝缘电阻值，MΩ。

子任务 2.3.3　介质损耗因数 tanδ 的测定

预习内容

一、测试目的

介质损耗因数 tanδ 的大小与绝缘材料的种类、性能、处理质量以及清洁受潮等因素有关，所以测量变压器介质损耗因数目的在于检查变压器绝缘受潮、油质劣化和线圈附着油泥等情况。该试验对于变压器整体缺陷检查反应非常灵敏，是变压器修理中常用

的一种检查试验项目。

二、试验仪器

常用试验仪器为 QS1 西林电桥。目前也采用电子技术进行全自动测量。有关电桥的操作使用，应按仪器仪表的说明书进行。

三、测量部位

测量部位和顺序按表 2 - 2 进行。

表 2 - 2　　测量部位和顺序

顺序	双绕组变压器		三绕组变压器	
	加压绕组	接地部位	加压绕组	接地部位
1	低压	高压和外壳	低压	高压、中压和外壳
2	高压	低压和外壳	中压	高压、低压和外壳
3			高压	中压、低压和外壳
4	高压和低压	外壳	高压和中压	低压和外壳
5			高压、中压和低压	外壳

表 2 - 2 中 4 和 5 两项只对 16000kVA 及以上的变压器进行测定。试验时，高、中、低三绕组两端都应短接。

四、试验电压

对额定电压 6kV 及以下的变压器，试验电压为变压器的额定电压值；对额定电压为 10kV 及以上的变压器，试验电压为 10kV；对额定电压大于 60kV 的变压器，取 10kV 或大于 10kV，但不超过额定电压的 60%（全绝缘）。

任务实施

一、试验方法

由于变压器外壳直接接地，测量时一般采用反接法，如图 2 - 11 所示。

（1）将 R_3、C_4 及检流计灵敏度等的操作手柄均放在零位，极性切换开关放在正值中间的断开位置。

（2）被试变压器高压线圈的接地端接入交流毫安表，然后选择分流器位置。表 2 - 3 给出了变压器额定电压在 3～110kV 时，变压器容量与分流器位置的关系。

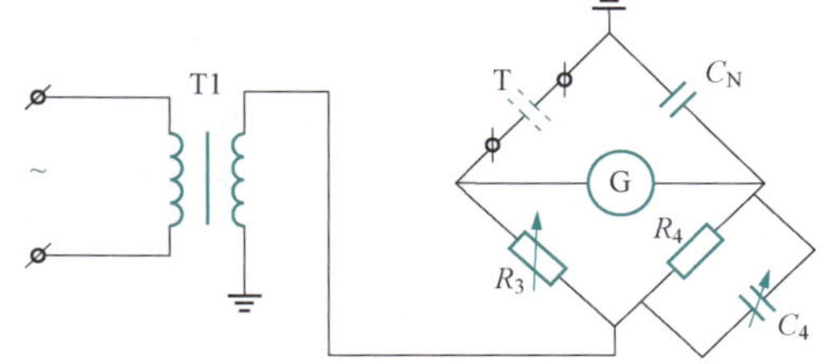

图 2 - 11　QS1 西林电桥原理接线图

T1—电源变压器；T—被试变压器；C_N—标准电容；R_3、R_4—桥臂电阻；C_4—桥臂电容

表 2 - 3　　变压器额定容量与分流器位置的关系

变压器额定容量（kVA）	分流器位置	变压器额定容量（kVA）	分流器位置
1800 以下	0.01	20 000～31 500	0.06
1800～15 000	0.025	—	—

（3）检查接线正确无误，合上电桥光照电源开关，调节零位旋钮，使狭长的光带处于刻度板零位左右。

（4）接通高压试验电源，并升至所需的试验电压值。

（5）将极性转换开关转到“$\tan\delta$”位置的“接通Ⅰ”上。

（6）调整检流计的灵敏度开关，使光带达到满刻度的1/3～2/3。

（7）调检流计的频率调整旋钮，找到检流计的谐振点，这时光带达到最宽，检流计的灵敏度达到最大。

（8）调节桥臂电阻R_3，使光带变最狭，然后调C_4使光带变到最狭。当光带狭到2～3格时，增加检流计的灵敏度，反复调节R_3和滑线电阻ρ、桥臂电容C_4，使电桥在检流计最灵敏的一挡，使光带最狭（光带最宽不大于4mm），这时表明电桥已平衡。

（9）记录分流器电阻值n、桥臂电阻R_3、滑线电阻ρ及桥臂电容C_4。

（10）为了检查电磁场干扰，将检流计灵敏度调到零，切换开关旋到“接通Ⅱ”位置，再次重复操作步骤（8），使电桥平衡，记录n、R_3、ρ及C_4值。

测试结束，将检流计灵敏度调至零，断开极性开关，降压断开电源，并将试验变压器高压端接地。

二、被试变压器的tan δ和电容C_x计算

（1）变压器的介质损耗因数为

$$\tan\delta = \frac{\tan\delta_1 + \tan\delta_2}{2} \tag{2-8}$$

式中　$\tan\delta_1$、$\tan\delta_2$——两次测出的介质损耗因数。

（2）变压器电容C_x为

$$C_x = \frac{R_4}{R_3+\rho} \times \frac{100+R_3}{n} \times C_N \tag{2-9}$$

式中　C_N——无损标准电容器的电容，50pF；

R_3、ρ——电桥测量时的实读数（即滑线变阻器的电阻值），Ω；

R_4——无感电阻值，3184Ω；

n——分流器电阻值，Ω，当分流器开关S1位于0.01、0.025、0.06、0.15、1.25时，n分别为$100+R_3$、60Ω、25Ω、10Ω、4Ω。

三、测量结果判断

变压器绕组连同套管在20℃时$\tan\delta$值规定如下：

（1）对电压为330～500kV的变压器绕组连同套管在温度为20℃时的$\tan\delta$应小于0.6%。

（2）对电压为66～220kV的变压器绕组连同套管在温度为20℃时的$\tan\delta$应小于0.8%。

（3）对电压为35kV及以下的变压器绕组连同套管在温度为20℃时的$\tan\delta$应小于1.5%。

不同温度下的$\tan\delta$值可按下式换算

$$\tan\delta_2 = 1.3^{(t_2-t_1)/10}\tan\delta_1 \tag{2-10}$$

式中　$\tan\delta_1$、$\tan\delta_2$——温度为t_1、t_2时的$\tan\delta$值。

（4）同一变压器中压和低压绕组的 tanδ 标准与高压绕组相同。相同温度下比较不大于出厂试验值的 1.3 倍。与历年预防性试验比较，数值不应有明显变化。

（5）对大修重绕绕组的变压器，tanδ 变化不应大于出厂值的 30%。

若试验结果超标，结合绝缘电阻测量、绝缘油试验、耐压试验、红外成像试验、高压介质损耗因数测试等试验项目结果综合判断。

四、 测试注意事项

（1）测试通常在 10～40℃下进行。

（2）为了测量准确，被试变压器的被试绕组所有套管应短接上，非试绕组也应短接并可靠接地。测量时，被试变压器与西林电桥应可靠接地。

（3）要定期测试交流电桥的标准电容是否受潮，如果使用受潮的标准电容，则测出的 tanδ 值误差较大。

（4）被试品与电桥的连接电缆（屏蔽线）长度不宜超过 10m。测量线路太长，可断开被试变压器，仍保持原布置的线路状态，测量线路本身，用以校正被试变压器的 tanδ 实测值。

（5）电桥的后插孔、标准电容外壳以及三根连线都带高压，为保证安全，应与接地部位保持一定距离；“C_x”“C_N”及“E”点三根连线应用布带架空。

（6）60kV 以上的套管上带有接地的引出小套管，试验时在引出小套管上单独测 tanδ，这时接线套管端子接地，交流电桥 C_x 接在小套管上，试验电压为 2.5kV。

（7）容量为 8000VA 及以上，电压 35kV 及以上的变压器，此项试验必做；1000V 以下绕组可不做。测量时非被测绕组应接地。

变压器的其他试验项目具体可参考 DL/T 573—2010《电力变压器检修导则》。

拓展内容四　变压器油的处理与分析

变压器油是变压器的重要组成部分，在变压器中起到绝缘和冷却作用，在有载分接开关中的油还起到灭弧作用。由于变压器油性能的优劣直接影响到变压器的运行状况，因此要求变压器油具有良好的热传导性、流动性、绝缘性和氧化安定性。

一、 变压器油的性能

变压器油应具有良好的物理性质、化学性质和电气性质。物理性质方面包括外观色变、密度、黏度、闪点、凝固点、倾点、水分、杂质、界面张力等。反映变压器油化学性质方面的有酸值、溶于水的酸碱含量、氧化安定性、腐蚀性、游离碳、机械杂质、活性硫、苛性钠等。反映变压器油电气性质方面的有电气绝缘强度、介质损耗因数、体积电阻率等。

1. 物理性能

（1）外观鉴别。

1）油的颜色。新变压器油呈淡黄色透明，偏离一定角度，观察油面应呈蓝色透明。油质劣化后变暗，呈棕色，表明油已碳化，不能再用。

2）透明度。在玻璃管中观察油，应是透明的。油质劣化后，油中的氧化物及油泥增加，油色逐渐加深，透明度变差，油面蓝色消失。如果油中含有较多水分，则油色变得浑浊发白。

3）荧光。装油的玻璃管迎着光线看时，新油在两侧会呈现绿色或蓝紫色的反光，称荧光。如果油质劣化，油中无此现象发生。

4）气味。新油无味或有一点煤油味。若出现酸味，表明油已老化；若油有焦臭味，表明油不干燥。

（2）密度。密度是指20℃时油的密度，一般为0.8～0.9g/cm^3。在不影响变压器油其他性质的前提下，一般油的密度低一些为好。

（3）黏度。变压器油的黏度是评价其流动性的一个指标。变压器油黏度越低，油的流动性越好，变压器的冷却效果越好，但黏度过低又会降低闪点。黏度的大小与温度关系很大，油的温度越高，其黏度就越小。黏度的实质是反映了油分子间摩擦所产生的阻力大小。

（4）闪点。在规定的条件下加热变压器油，随着油温的升高，油蒸汽在空气中的含量达到一定的浓度，该混合气体与火焰接触时，在油面上出现短暂的火焰，有时还伴有轻微的爆鸣声，此时的最低油温称为油的闪点。油的闪点越高，油蒸气挥发越少，油使用起来就越安全，所以运行中的变压器要求其闪点不应低于135℃。

油质的劣化会使闪点急剧降低。当变压器油中混入轻质油，如汽油、煤油等，油的闪点就会急剧降低。在运行中的变压器油闪点降低，除了油性能原因外，还可能是由于变压器本身故障产生可燃气体造成的。

（5）凝点（凝固点）。在规定的试验条件下，将盛于试管内的油冷却并倾斜45°经过1min后，油面不再流动时的温度称为凝点。一般来说，凝固点应尽可能低一些。国产变压器油的牌号即为其凝点的温度数，常用的变压器油牌号有10号、25号、45号，它们所表征的凝固点分别是－10、－25、－45℃。

（6）倾点。在规定的试验条件下，被冷却的试样能流动的最低温度为倾点，单位为℃。一般倾点比凝点高2～3℃。

（7）水分。水分不仅对变压器金属部件存在腐蚀作用，而且会降低油的绝缘强度，使变压器的绝缘水平下降，促使变压器油老化。变压器油中的水分会影响油的击穿电压值和油的 $\tan\delta$ 值。但当油中的水分处于溶解状态或沉积于设备底部时，则影响不甚明显。

（8）界面张力。液体界面（表面）分子力的作用，表现为反抗其本身的表面积增大的力。通常是测定绝缘油对水的界面张力，单位是N/cm或N/m。油水之间界面张力的测定是检查油中是否含有因老化而产生可溶性极性杂质的一种间接有效的方法。

2. 化学性能

（1）酸值。中和1g油所含自由酸价化合物所必需的氢氧化钾（KOH）的毫克数称为酸值或酸价，单位为mg·KOH/g。

由酸值大小可以判断油的老化程度，各种酸性化合物的存在，会导致金属受到腐蚀，油的绝缘性能也有所降低。因此，规定新油的酸值应小于0.03mg·KOH/g，运行中变压器油酸值应小于0.1mg·KOH/g。

（2）水溶性酸碱。变压器油中的酸性物质，包括油溶性酸和水溶解性酸。水溶性酸比较活泼，有较大的腐蚀性，特别对纤维材料腐蚀严重，并能加速油的劣化，降低油的绝缘强度。新的变压器油其pH值一般不低于5.4，规定运行中的变压器油的pH值不低于4.2。

（3）氧化安定性。变压器油接触空气后，油与空气中的氧发生化学反应，称为绝缘油的氧化。油氧化后会使油的质量降低，使酸值、密度、黏度增大，油的绝缘强度降低，油色变暗。绝缘油的氧化物还会降低设备的使用寿命，促使固体绝缘材料老化。

（4）机械杂质。变压器油中的机械杂质来源有外界混入（如输油管、油桶不干净）、电弧产生碳粒、绝缘脱落的纤维等。这些杂质会堵塞油路，影响散热，会在电场作用下构成导电桥，影响绝缘强度。合格的变压器油不应存在机械杂质，若有杂质可用压力式滤油机净化除净。

（5）游离碳。变压器油在高温和高电压作用下，因氧化、分解所产生的固体碳化物，称为游离碳。存在于油中的碳粒，会加速油品的乳化，增加油品的吸湿性，降低电气性能。因此新油、运行中的油均不允许存在游离碳，运行油不合格时应及时更换。

3. 电气性能

（1）电气绝缘强度。变压器油的电气绝缘强度可用击穿电压和介电强度来描述。击穿电压是指在规定条件下绝缘体或试样发生击穿时的最低电压，单位为kV；介电强度是指绝缘介质能承受而不致击穿的最高电气强度。在规定的试验条件下，击穿电压与施加电压的两极间的距离比值，称为介电强度，单位为kV/cm。

由于击穿电压是表征变压器油电气性能好坏的一个重要指标，所以希望该值越大越好。但是由于受变压器油的污染、水分和杂质的影响，会降低击穿电压。变压器油的击穿电压应符合表2-4的标准。

表 2-4　变压器油的击穿电压

变压器额定电压（kV）	击穿电压（kV）		变压器额定电压（kV）	击穿电压（kV）	
	投运前的新油	运行中的油		投运前的新油	运行中的油
15 及以下	≥30	≥25	330	≥50	≥45
20～35	≥35	≥30	500	≥60	≥55
66～220	≥40	≥35	—	—	—

（2）介质损耗因数。变压器油在交变电场作用下，存在由极化引起的损耗和由电导引起的损耗。所谓变压器油的介质损耗因数，实质上是这两种损耗的总和。由于存在损耗，所以通过变压器油的电流与其两端电压的相位差不再是 90°，而是要比 90°小一个 δ 角，此角称为介质损耗角。

变压器油的介质损耗大小用介质损耗角正切 $\tan\delta$ 来表示，$\tan\delta$ 称介质损耗因数。介质损耗因数 $\tan\delta$ 越大，表明绝缘油老化程度越大，变压器整体绝缘特性越差。

（3）析气性。析气性是用来评价变压器油在电场作用下吸收或放出气体的趋势。它是评价超高压变压器油性能的一项重要指标。油的析气性好，在电应力和电离作用下产生的气体会被油吸收；反之若析气性差，它在高电压和电力作用下会产生气体，从而引起气隙放电。

（4）体积电阻率。体积电阻率与变压器绝缘等级有关，是判断变压器油优劣的标准之一，单位为 Ω·cm。一般体积电阻率应大于 $3.0\times10^{12}\,\Omega\cdot\text{cm}$，该参数受水分影响较大。

二、变压器油的劣化和预防措施

通常所说的变压器油劣化是指油的氧化。在高温及金属的催化作用下，运行中的变压器油与溶解在油中的氧接触，发生氧化、裂解等化学反应，并产生一些有害的氧化物，使油的各种性能逐渐劣化，造成运行油质量的严重下降。通常把油质变坏的现象统称为油品的劣化或老化。油品的劣化将直接影响到用油设备的安全运行。

1. 变压器油的劣化

油品的氧化除了本身化学组成影响外，还会受到下列因素的影响。

（1）氧气。变压器油中存在氧气是油品氧化的根本原因。氧的来源是进入变压器油中的空气或器身中纤维材料因受热分解而产生的。因此在油品使用中，应尽量减少油与氧的接触，最好不与空气接触。

（2）温度。在室温下，变压器油的氧化很微弱。随着油温升高，氧化加快，大约温度每升高 10℃，油品的氧化速度会增大 1 倍。而当油温超过 115～120℃时，油品开始裂解。

影响变压器油劣化除了温度和氧气这两个主要因素外，日光的照射、强电场、水分、纤维、金属等都会加速变压器油的劣化过程。

2. 防止变压器油劣化的预防措施

GB/T 14542—2017《变压器油维护管理导则》要求对 1000kVA 及以上的电力变压器，至少应采取一种维护措施，以防止变压器油的劣化。变压器油在运行中的技术维护措施较多，针对其劣化的原因，常采用的方法主要有以下几种。

（1）采用真空注油工艺。变压器油中含有较多空气时，其中的氧气与油发生氧化老化，而油中的气泡在电场作用下产生局部放电，使气泡附近的油产生分解老化。220kV及以上变压器必须采用真空注油，其他变压器如果条件许可，也应尽可能采用真空注油方法。

（2）采用密封式储油柜。采用隔膜式、胶囊式及金属膨胀器式等密封式储油柜，使变压器油与外界空气隔离，使油对氧气的吸收作用限制到最小限度。另外，用压力释放阀代替密封性能不佳的安全气道，避免氧气、水分与变压器内部的油相接触。

（3）采用隔膜密封方式。

1）胶囊气袋式密封式储油柜，在变压器的油枕内装设一个耐油的隔膜袋，袋的内腔经干燥剂过滤器与大气相通，袋的下部表面平贴油面，变压器通过气袋内部的容积空间来呼吸。

2）隔膜式密封式储油柜，变压器的储油柜由上下两壳体组成。壳与壳之间用法兰连接，中间装有成型的耐油隔膜，隔膜上部经空气过滤器（或直接）与大气相通，隔膜下面紧贴油面与空气隔绝。当油温变化时，隔膜随油位的升降而浮动，以适应变压器的“呼吸”。

（4）防止日光照射。通常运行中的变压器油防止日光照射劣化的措施有：

1）变压器储油柜采用指针式油位计。若用管式油位计，应使油位计玻璃管中的油与储油柜中的油隔开，如带小胶囊油位计结构。

2）套管油位的指示器可只留一条狭窄的缝隙，以减少日光的照射面积；也可用适当的有色玻璃，降低日光的作用。

（5）添加抗氧化剂。在运行中的变压器油中添加抗氧化剂是一种有效的维护措施，具有操作简单、不耗散油的特点。我国的变压器油普遍添加的抗氧化剂是T501，它是白色粉状晶体，油溶性好，不溶于水和碱液。适用于新油和劣化不太严重的油，添加量通常为油重的0.3%～0.5%。

三、变压器油的净化和再生

变压器油在长期使用过程中，由于受各种因素的影响和氧化作用，受到不同程度的污染和劣化。轻度劣化的变压器油采用净化与再生工艺处理，以恢复和达到变压器油原有的使用性能和技术指标，从而继续使用。

1. 变压器油的净化处理方法

变压器油的净化处理方法就是用滤油机过滤油的水分和机械杂质，恢复油的电气绝缘强度，使油达到洁净的标准。通常可采用压力过滤、吸附过滤、真空喷雾和真空过滤等方法。

2. 变压器油的再生方法

变压器油净化处理方法，基本上属于物理过滤过程，它所能达到的效果主要是使油变洁净。而对于已经在油中因化学作用而产生了危险化合物的变了质的油，应进行化学处理，把油中不应有的一些溶于油中的劣化物去掉，从而提高油的品质，这样的方法称为再生。经过再生后的油，其化学及物理性质、电气强度应符合规定的标准。

化学再生方法一般有磷酸三钠再生法和硫酸再生法。

（1）硫酸再生法。用物理方法除去污油中的大量混杂物后，进行硫酸处理。硫酸处理时，首先将被处理的污油打入加酸搅拌罐内，用压缩空气快速搅拌，这时滴入一定量的雾状硫酸，再搅拌 20min 左右。然后倒入 2%左右的白土，继续搅拌 5min。停止搅拌后静置 2h，再放出酸渣，从而得到酸性油，之后再对酸性油进行配碱中和处理。

（2）磷酸三钠再生法。将浓度为 10%～15%的磷酸三钠水溶液与加热至 60℃的污油混合，中和油中的酸性组分，并与油中含有的微量金属作用生成磷酸盐类，使磷酸盐与油分离。磷酸三钠处理过的油呈碱性，将其加热至 70～80℃用热水洗至微碱性，然后用压缩空气吹干，除去油中残留的水分，最后用白土除去微量的盐类、树脂，同时起到脱色作用。

（3）再生油使用注意事项。

1）经过再生处理过的油，所有指标都应符合标准要求。

2）对 220kV 及以上变压器不宜使用再生油。

3）一般不宜单纯使用再生油，而是将再生油和新油混合使用，但混合油的混合比例在进行试验后才能决定。

任务 2.4　油浸式电力变压器的回装

问题引入

油浸式电力变压器的检修结束后，要进行回装。如何进行规范回装？回装时有哪些注意事项？

任务描述

对检修完毕的变压器进行回装。

学习目标

（1）会进行变压器回装前的准备工作。

（2）能够对小型电力变压器进行回装。

（3）了解变压器回装步骤及注意事项。

任务要求

变压器的器身及其附件检修完毕后，应及时将器身（或钟罩）回装，并将其他附件组装好。

小组成员认真学习操作要点及注意事项，分组对检修完毕的变压器进行回装，保证每组一名老师辅导。

组装前的准备工作如下。

（1）清理零部件。

1）组装前必须将油箱内部、器身和箱底内的异物、污物清理干净。

2）彻底清理冷却器（散热器）、储油柜、防爆管、油管、套管及所有零部件。用合格的变压器油冲洗与油直接接触的零部件。

3）对所附属的油、水管路必须进行彻底的清理，管内不得留有焊渣等杂物，并做好检查记录。

（2）准备好全套密封胶垫和密封胶。

（3）准备好合格的变压器油。

（4）注油设备的清理。将注油设备、抽真空设备及管路清扫干净，新使用的油管也应先冲洗干净，以去除油管内的脱模剂。

任务实施

1. 器身与大盖的回装（或钟罩的回装）

（1）器身各部件检查、清理完毕后，吊起器身，将油箱移至器身下（若系吊罩，则吊起钟罩，将器身随油箱底部小车移至钟罩下）。

（2）将器身（或钟罩）徐徐放下，同时四周应有专人监视线圈或木支架不要被碰坏。

（3）将大盖（或钟罩）新胶条顺箱沿放好，做好防止胶条跑偏的措施，以免胶条安装质量不好，引起漏油，给检修工作带来麻烦。

（4）沿箱沿站人，用钢钎子四角对眼，当周围螺孔都对正后，落下大盖（或钟罩）。上螺丝，沿周围多次紧固至严密。

2. 附件的回装

分接开关、储油柜、气体继电器、冷却器（散热器）、净油器、防爆管、温度计等附件与油箱的相对位置和角度需按照拆前标记或安装使用说明书进行组装。

（1）储油柜的安装。更换所有连接管道的法兰密封垫，保持连接法兰的平行和同心，密封垫压缩量为 1/3，确保接口密封和畅通，储油柜本体和各管道固定牢固。

（2）吸湿器的安装。更换密封垫，油杯中注入干净的变压器油，加至正常油位线，并将油杯拧紧。

（3）冷却器的安装。连接法兰的密封面应平行和同心，密封垫位置准确。

（4）气体继电器的安装。更换联管法兰和两侧蝶阀的密封垫，先安装两侧联管与蝶阀，如无不锈钢波纹联管，联管与油箱顶盖、储油柜之间的联结螺栓暂不完全拧紧，此时将气体继电器安装于其间，用水平尺找准位置并使出、入口联管和气体继电器三者处于同一中心位置，然后再将法兰螺栓拧紧，确保气体继电器不受机械应力。气体继电器盒盖上的箭头朝向储油柜，应有防雨罩。

3. 向变压器油箱注油

先将油注至淹没过绕组顶部，其余的油待装完套管后再补注。

4. 低压套管的回装

（1）检查瓷套表面应光滑、无闪络痕迹，并经交流耐压试验合格后，按相位及拆前标记进行回装。

（2）更换新的耐油胶垫。

（3）稳固套管压盘。

（4）接下部引线。

5. 高压套管的回装

（1）吊套管前应旋下均压帽，检查帽内应无积水，否则应擦干净。

（2）起吊套管，穿入拉线，将套管装入套管座内。拉引线接头时应注意线芯不要打弯。

（3）紧固套管螺栓，保持密封良好。

6. 补注油至标准油位

注油时要及时排放大盖下和套管座等突出部位的积气。

7. 做电气试验

静置 24h 后，做检修后的电气试验，组装变压器时应注意以下几点：

（1）各部件应装配正确、紧固、无损伤。

（2）各密封衬垫应质量优良、耐油、化学性能稳定，压紧后一般应压紧原厚度的 1/3 左右。

（3）各装配结合面应无渗漏油现象，阀门的开关应灵活，无卡涩现象。

（4）油箱和储油柜间的连通管应有 2%～4%的升高坡度（以变压器顶盖为基准）。

（5）气体继电器安装应水平，变压器就位后，应使其顶盖沿气体继电器方向有1%～1.5%的升高坡度。调试应在注满油并连通油路的情况下进行，打开气体继电器的放气小阀排净气体，用手按压探针时重瓦斯信号应发出，松开时应该恢复。

（6）胶囊式储油柜注油时没有将储油柜抽真空的，必须打开顶部放气塞，直至冒油立即旋紧放气塞，再调整油位。如放气塞不能冒出油则必须将储油柜重新抽真空。观察油位计指示应正确。

（7）必须观察到吸湿器油杯冒气泡。

（8）检查冷却器。先打开蝶阀和旋松顶部排气塞，待顶部排气塞冒油后旋紧，再打开上蝶阀，最终确认上、下蝶阀均处于开启位置。

（9）打开压力释放阀放气塞排气，至冒油再拧紧放气塞。

（10）将所有的二次接线都连接好。

（11）检查机构箱的圈数。

（12）变压器组装完毕后，应进行油压试验 15min（其压力对于波状油箱和有散热器油箱应比正常压力增加 2400Pa），各部件结合面密封衬垫及焊缝应无渗漏。

1. 变压器回装前需要做哪些准备及检查工作？
2. 变压器回装后需要做哪些试验？

拓展内容五　变压器的小修

变压器的检修分为小修和大修。小修是将变压器停运，但不吊出器身而进行的检修。小修周期，一般每年 1 次，安装在污秽地区的变压器，其小修周期应在现场规程中予以规定。小修主要做变压器的外部检查和外部故障维修。

一、 外部检查

(1) 套管的清扫和检查。变压器的高压绝缘套管经过长时间运行后，积灰和脏污严重，应检查套管外观并清扫，检查绝缘子有无裂痕、破损和放电痕迹。

(2) 导电接头的检查。检查套管引线各处铜铝接头的紧固螺栓有无松动，接头处有无过热现象。若有接触不良或接头腐蚀，应进行修理或更换。

(3) 油箱的清扫和检查。清扫变压器油箱及散热管，检查油箱内部清洁度、油箱和散热管焊接处及其他部位有无漏油及锈蚀。若是密封衬垫老化、断裂引起渗漏，应更换；若是焊缝渗漏，应进行补焊或用胶粘剂补漏；检查油箱及大盖等外部，进行除锈蚀和喷漆，检查隔磁及屏蔽装置。

(4) 储油柜的检查。放出储油柜的存油，将其内部清扫干净，对于磁力油位计应检查其传动机构是否灵活，有无卡轮、滑齿现象；检查储油柜的油位是否正常，并观察储油柜内的实际油面，对照油位计的指示进行校验；检查并清除储油柜集污盒内的油垢。若变压器缺油应及时补注新油。

(5) 吸湿器的检查和处理。倒出内部吸湿剂，检查剥离罩完好，进行清扫。观察吸湿器内的变色硅胶颜色：相对湿度小于 10%，硅胶颜色为深蓝色；相对湿度小于 30%，硅胶颜色为淡蓝色；相对湿度小于 50%，硅胶颜色为淡粉红色；相对湿度小于 100%，硅胶颜色为粉红色；若硅胶已变成粉红色，说明硅胶失效，应取出放入烘箱内，在 120～160℃温度下进行烘干脱水处理。烘干后的硅胶呈蓝色，可重新放入吸湿器内继续使用。

(6) 接地线的检查。检查接地线是否可靠，变压器接地线是否完整、良好，有无腐蚀现象。

(7) 气体继电器的检查。检查气体继电器容器、玻璃窗、放气阀、放油塞、接线端子盒、小套管是否完好，有无漏油；阀门的开闭是否灵活；触点动作是否正确可靠；控制电缆及继电器触点的绝缘电阻是否良好。

(8) 校验温度计。校验测量上层油温的温度计指示是否准确。

(9) 检查、清扫冷却系统。清扫冷却系统表面的积灰和脏污，检查散热器有无渗漏，冷却风扇、潜油泵的工作是否正常。对于强迫油循环水冷式变压器，还应检查冷却水泵的工作是否正常，冷油器表面有无渗油、漏水现象。若有渗漏点，应采用气焊或电焊进行补焊并做涂漆处理；对不合格的密封胶垫进行更换，以保持整体密封良好。

(10) 耐压试验和化学试验。在变压器本体、充油套管、净油器内取油样做耐压试验和化学试验。

（11）按有关规程做相关电气试验。

二、 变压器故障的检查

变压器发生故障后，不能盲目地进行大拆大修。首先应进行详细的检查和必要的试验，通过分析确定故障的原因和部位，制订出小修或大修方案，再进行针对性的检修。

发生故障的变压器应进行下列项目的检查。

（1）查看变压器的运行记录。了解变压器的绝缘状况，了解变压器在运行中所发现的缺陷和异常情况，出口短路的次数。查阅变压器上次大修的技术资料和技术档案。

（2）检查气体继电器动作情况。若气体继电器动作，说明变压器内产生了大量气体，应首先检查继电器内的油面和变压器内的油面高度，从放气阀门处收集气体继电器的气体，尽快鉴别气体的颜色、气味和可燃性，从而初步判断变压器故障的类型和原因。

三、 电气试验

（1）测量变压器绕组之间及绕组对地的绝缘电阻。用绝缘电阻表测量绕组的绝缘电阻。若测得的绝缘电阻值过小或接近于零，则说明绕组有接地或短路故障；若测得的绝缘电阻值小于规定值，则说明绕组绝缘受潮，需进行烘干处理。应结合做吸收比试验判明绕组绝缘的受潮情况。

（2）对变压器做直流泄漏和交流耐压试验。变压器绝缘击穿后，常常出现变压器油浸入击穿点而使绝缘暂时恢复的假象，用绝缘电阻表检查往往不能判断出故障，必须采用直流泄漏和交流耐压试验来测定，以判明故障情况。

（3）测量变压器绕组的直流电阻。若三相直流电阻之间的差值大于一相电阻值的5%并与上次所测得的数据相差2%～3%，便可判定绕组有匝间、层间短路故障或分接开关引线有断线故障。

（4）测定变压器的变比。当怀疑变压器某相绕组匝间短路时，可在变压器高压侧加较低的电压进行变比的测定，变比值异常的那一相存在匝间短路。如果油箱顶盖已吊开，可看到短路点由于短路电流产生的高热使其附近的变压器油分解而冒出的气泡和黑烟，从而可判明故障相。

（5）测定变压器的三相空载电流。在变压器二次侧开路，一次侧接额定电压测量其空载电流。将测得的三相空载电流与上次试验数据进行比较，若一相或三相值偏大许多，则说明绕组和铁芯有故障。

（6）进行变压器油的油样试验。当变压器发生故障后，应立即取出油样进行观察和试验，判定变压器油是否合格，能否继续使用。

拓展内容六　变压器的运行监视与维护

为了保证变压器能安全可靠地运行，当变压器有异常情况发生时能及时发现、及时处理，将事故消除在萌芽状态，对运行中的变压器进行严格的监视和多方面的维护是十分重要的。

变压器应该根据制造厂规定的铭牌额定技术参数运行，同时还应该遵守变压器运行有关规定。变压器在运行中一旦发生异常情况，运行人员应及时分析原因，采取措施，以防事故扩大。

一、 变压器异常现象的监视与分析

1. 变压器运行声音监视

变压器在正常负荷运行时，由于铁芯的振动而发出轻微的“嗡嗡”声，声音清晰而有规律，这是由于交流电通过变压器的绕组时，在铁芯里产生周期性变化的交变磁通，磁通的变化引起铁芯的振动，从而发出响声。如果产生不均匀响声或其他异常声音，都属不正常现象。

（1）“嗡嗡”声大或比平时尖锐，但声音仍均匀，这通常不是变压器本身的故障，而是由于电源电压过高，或是高压侧投入电容器容量过大造成过电压所致。可通过电压表查看电压的实际值。

消除异常现象方法：可根据实际情况或与供电部门联系降低电压，或切除高压侧的部分电容器。

（2）“嗡嗡”声忽高忽低地变化但无杂音，一般是由于负载变化较大引起的。

消除异常现象方法：可通过调整使变压器负荷尽量均衡。只要变压器在额定容量内运行，一般不会造成危害。

（3）“嗡嗡”声大而沉重，但无杂音。一般是过负荷引起的。

消除异常现象方法：可通过调整负荷加以解决。

在变压器中性点不直接接地系统中发生单相接地、铁磁共振及大型电动机启动、短时穿越性短路等故障时，由于变压器过电流，也会引发上述声响。

（4）“嗡嗡”声大而嘈杂，有时会出现惊人的“叮当”锤击声或“呼呼”的吹气声。通常是内部结构松动时受到振动而引起，一般表现为铁芯未夹紧、铁芯紧固螺栓松动等。

消除异常现象方法：可停电进行吊芯检查并做相应处理。若不能停电处理，应加强监视，并适当减小负荷。

（5）有“吱吱”放电声或“噼啪”爆裂声。这可能是跌落式熔断器有接触不良、变压器内部有放电闪络或绝缘击穿。当绝缘击穿造成严重短路时，甚至会出现巨大的轰鸣声，并伴有喷油或冒烟着火。

消除异常现象方法：此时应进行停电检查。重点检查绝缘套管、高低压引线连接处、高低压线圈与铁芯之间的绝缘是否有损坏等。

若变压器油箱内有“吱吱”放电声，且伴随着放电声，电流表读数明显变化，有时瓦斯保护发出信号，此故障现象多为调压分接开关故障，或为触头接触不良，或为抽头引出线处的绝缘不良引起的放电闪络现象。此时应对变压器调压分接开关进行检修。

（6）有“嘶嘶”声。这可能是变压器高压套管脏污、表面釉质脱落或有裂纹而产生的电晕放电所致。也可能是由于引线离地面的距离不足而出现间隙放电，这种情况可能伴有放电火花。

消除异常现象方法：此时应进行停电检查。重点检查绝缘套管，高压引线的安全距离及绝缘，根据检查情况进行检修。

（7）有“轰轰”声。这常是因变压器低压侧的架空线发生接地引起的。

消除异常现象方法：此时应进行停电检查、检修。

（8）有“咕噜咕噜”声。这可能是变压器绕组有匝间短路产生短路电流，使变压器油局部发热沸腾。

消除异常现象方法：此时应进行停电检测、检修。

（9）间歇性的“哧哧”声。常由铁芯接地不良引起。

消除异常现象方法：应及时处理，避免故障扩大。

2. 变压器气味、颜色监视

变压器内部故障及各部件过热可能引起一系列气味、颜色的变化，主要原因有：

（1）瓷套管端子的紧固部分松动，表面接触面过热氧化，会引起变色和异常气味。

（2）变压器磁场分布不均，引起涡流，也会使油箱各部分局部过热，引起油漆变色。

（3）瓷套管污损产生电晕、闪络会发出奇臭味，冷却风扇、油泵烧毁会发出烧焦气味。

（4）吸湿剂变色是因吸潮过度、垫圈损坏、进入其油室的水量太多等原因造成的。通常用的吸湿剂是活性氧化铝（矾土）、硅胶等，并呈蓝色。当吸湿剂从蓝色变为粉红色且粉红色大于 2/3 时，应更换。

3. 变压器体表的监视

变压器故障时都伴随着如下体表的变化。

（1）防爆膜龟裂、破损。当呼吸口不能正常呼吸时，会使内部压力升高引起防爆膜破损。当气体继电器、压力继电器、差动继电器等有动作时，可推测是内部故障引起的。

（2）因温度、湿度、紫外线或周围的空气中含酸、盐等，会引起箱体表面漆膜龟裂、起泡、剥离。

（3）大气过电压、内部过电压等，会引起瓷件、瓷套管表面龟裂，并有放电痕迹。

4. 监视变压器的风扇

采用吹风冷却的变压器一般采用变压器风扇。变压器风扇的正常运行可提高油箱及散热器表面的冷却效率，从而保证变压器的安全运行。实际运行中造成变压器风扇损坏的常见原因有风扇进水受潮、运行维护差、缺相运行等。

（1）风扇进水受潮。变压器风扇一般安装于室外电力变压器的散热器处，因此极易进水受潮。进水受潮的部位多在风扇的止口处，严重者雨水可沿电动机轴向浸入。进水可使电动机绝缘性能降低、轴承锈蚀。因此在安装变压器风扇时，可在电动机止口处涂以密封胶，安装叶轮时一定要将叶轮安装到位，并在轴伸键槽处用密封胶封好，以防止雨水进入。另外，在轴承盖螺栓头处也应涂以密封胶，电动机接线盒螺栓应紧固，出线应自然下垂，防止进水。

（2）运行维护差。在实际运行中，运行值班人员往往只对变压器进行巡视检查，而忽视了对风扇的维护。因此应加强对风扇的运行维护管理。

1）对新投入运行的风扇，一周内应加强巡视检查，若发现剧烈振动、声音异常、电流过大、轴承过热等异常现象，应及时停机检查，排除故障后方可投入运行。

2）平时应根据实际运行情况定期进行巡视检查，发现故障或异常现象时要及时处理。

3）风扇在较长时间停止运行后重新投运时，应先转动叶轮进行检查，如有卡阻应进行检查；若受潮严重，应进行干燥后再投入运行。

（3）缺相运行。风扇电动机由于一相熔丝熔断或其他原因（电动机振动使三相熔丝松动等）造成单相运行是风扇电动机烧坏的常见原因。将电动机的熔断器安装在风扇电动机的控制箱内，可避免因振动引起的熔丝松动。

5. 监视变压器的温度及温升

变压器的上层油温一般不能超过 85℃，最高不能超过 95℃。变压器温升过高是指在同样负荷条件下，油温比平时高出 10℃以上，或者在负荷基本不变的情况下温度却不断上升。变压器温升过高说明变压器内部发生了故障，例如调压开关接触不良、线圈匝间短路或铁芯片间短路等。铁芯片间短路时可使铁损增大、油温升高、油的老化速度加快。在进行油样分析时，可发现油泥沉淀较多、油色变暗、闪点降低等。铁芯片间短路多由夹紧铁芯用的穿芯螺栓绝缘损坏所致，严重时会引起铁芯着火过热熔化。当变压器温升过高时应判明原因，采取办法使温度降低，因此必须进行下列工作。

（1）核对油温。核对变压器在同一负荷和冷却介质下的油温。

（2）核对温度表是否正确。

（3）检查变压器冷却装置。若由于冷却系统故障而使温度升高，无法在运行中修理时，则应立即停用变压器，并进行修理。若是部分风扇故障或强迫油循环变压器的部分冷却器故障，则值班人员应按现场规程的规定调整变压器的负荷，并对冷却器的故障部分进行修理。

若发现油温较平时同一负荷和冷却温度高出 10℃以上，或变压器负荷不变时油温不断上升，而检查结果证明冷却装置正常、变压器通风良好，则认为变压器内部有故障，如铁芯严重短路、线圈匝间短路等。此时，如变压器保护装置因故拒绝动作，则应立即停用变压器，并进行修理。

6. 监视变压器油的异常运行

（1）变压器油质变坏。对油质的简易鉴别可从油的颜色、透明度和气味等方面加以判断。好油一般为浅黄色，而氧化后的颜色变深。因此，若在运行中油的颜色变暗，说明油质已经变坏。好油在玻璃瓶中是透明的并带有蓝紫色的荧光。运行中的油若已经失去蓝紫色的荧光，则说明油中有机械杂质和游离炭存在。好油应是无味或略带一点煤油味，若掺杂有烧焦味、酸味、乙炔味等都说明油质已变坏。

变压器油质变坏的主要原因是长期运行后受热变质或变压器发生故障时产生气体。

变压器油应定期（每 1～2 年）进行取样检验。取油样时应在晴朗、干燥的天气进行，取样时要避雾、避霜，不能在雨后初晴时进行。取样瓶最好用有毛玻璃塞的容积为 500mL 的玻璃瓶。使用前要用汽油、肥皂液洗净，再用自来水冲洗至不呈碱性，最后再用蒸馏水洗刷数次，在烘箱内烘干，用瓶塞盖好。取油时，应先将变压器底部的积水和积存的油污放掉，并用干净布将油阀门擦净，再放少量油进行冲洗，之后把油接入瓶内摇荡清洗数次后，即可装瓶。装瓶时，要稍空出一点空隙，以免油温升高时溢出。装油后将瓶口塞紧并用蜡封口，注明油样标号、来源、取样日期、取样人等。取样后要迅速送检。

（2）变压器呼吸器内硅胶变为浅粉色或白色。在大中型变压器的呼吸器中常装有硅胶作为吸湿剂，进入变压器的空气通过呼吸器时可滤去其中的水分，防止变压器油质变坏。硅胶在未吸湿以前呈鲜艳的蓝色，若硅胶变为浅粉色或白色，说明硅胶已吸入足够的水分，当硅胶变色大于 2/3 时予以更换。特别是在雨季，运行人员应加强对呼吸器的巡视检查。更换硅胶时应在干燥的晴朗天气进行，并保持与带电部分的安全距离。硅胶的装入量以呼吸器容积的 2/3 为宜，换下的硅胶可加热烘干后继续使用。

（3）变压器渗漏油的处理。变压器运行中渗漏油的现象是比较普遍的，变压器漏油常出现在焊缝、密封圈、套管等处，其中主要原因是油箱与零部件连接处的密封不良，焊件或铸件存在缺陷，运行中额外荷重或受到振动等。变压器外面闪闪发光或粘着黑色的液体有可能是漏油。小型变压器装在配电柜中，因为漏出的油流入配电柜下部的坑内而流不到外面来，所以不易及时发现。而内部故障会使油温升高，引起油的体积膨胀，发生漏油，有时会发生喷油。若油位计大大下降，而没有发生以上现象，则可能是油位计损坏。

若为焊缝漏油，应将油放净后进行焊补，焊接时应做好防火措施，以防残油炭化燃烧引发事故；若为密封漏油，多为垫圈老化或损坏所致，一般应予更换；对于套管漏油，应查明原因，按具体情况给予不同的处理。套管有夹装式和浇装式两种。夹装式的可能由本身的缺陷如砂眼、裂缝引起，这种情况一般应予更换。浇装式则多发生在套管的胶合处，此时可将原胶合剂挖出一部分，将创面擦净后进行部分浇装，或将法兰盘拆下更换密封垫圈，重新浇装。但套管漏油也有可能是密封垫圈的老化或压力不当造成，此时一般只需更换垫圈或适当压紧即可。变压器低压套管密封损坏也常因与之相连的铝排热胀冷缩产生的机械力所致，解决的办法是采用伸缩接头。有时也有变压器箱体因有砂眼气孔等缺陷造成渗油的，此时可采取用环氧树脂黏合剂粘补的办法做应急处理，待停电检修时再进行焊补。

（4）变压器油位不正常。变压器的油位可通过储油柜上的油位表进行监视。变压器油位过高或过低（超过油位表极限线）均属不正常。

造成油位不正常的原因有变压器温升过高、长时间过负荷或三相电流严重不平衡导致某一相电流超过额定电流、变压器漏油等。

若为长时间过负荷引起，应减轻负荷，使之在额定状态下运行。若为三相电流严重不平衡引起，则应通过调整负荷达到基本平衡。对常用的 Yyn0 接法的变压器，应使中线电流在额定电流的 25％以下。

当值班人员在油位计内看不到油位时，说明油位过低，此时必须及时补油。补油时应注意所补之油必须为合格的变压器油；补油前要将重瓦斯保护改接至信号以防误动作；补油后要及时放气，待 24h 后无问题时再将重瓦斯保护接入。对大型强油循环水冷却的变压器，若发现油位降低，应检查水中是否有油花，以防止油中渗水危及变压器绝缘。查明原因后方可补油。

因季节变化引起变压器油位升高或降低，属正常现象。但若油位过高（如夏季），应设法放油；油位过低（如冬季），应设法加油，以维持正常油位，确保变压器的安全运行。

（5）变压器储油柜或防爆油管喷油。变压器储油柜或防爆管薄膜破裂喷油说明变压器内有严重损伤。当由于喷油使油面降低到油位指示计的最低限度时，还可能引起气体继电器动作。若变压器无气体继电器或继电器没有动作，油面可继续降低，当油面低于变压器顶盖时，由于引出线绝缘的降低，可引发击穿放电造成油质变坏。因此，当变压器油枕或防爆管薄膜破裂喷油时，值班人员应立即切断变压器电源，以防事故进一步扩大。

（6）变压器油标损坏引起喷油。某厂一台 1250kVA 变压器由于油标上端损坏，未与储油柜连通，加之吸湿器的密封胶圈没有取掉，所以在使用不久，当储油柜内的空气一膨胀，压力加强，便造成油标上端喷油。后来虽将密封胶圈去掉，仍有喷油发生。直到最后更换了油标，才将故障消除。可见，一定要保证变压器呼吸畅通。

在没有吸湿器的小容量变压器中，储油柜注油孔除作注油用之外，还可通过其内部设置的弹子依靠气压变化自动启闭，起到呼吸作用。在有吸湿器的变压器中，应将注油孔加胶垫后拧紧，使进入储油柜的空气都经过吸湿器下部的盛油器先滤去杂质，再通过硅胶吸去水分，从而保证变压器油的绝缘性能。

（7）小型配电变压器喷油和油箱炸裂。小型配电变压器喷油和油箱炸裂的原因主要有以下几个。

1）变压器过负荷。变压器过负荷会引起变压器内部过热，加快绝缘材料的热分解，变压器内产气量增大、产气速度加快，使油箱内的气体压力增高。当气体压力大于大气压力时，便可能在吸湿器或呼吸器等密封薄弱环节处喷油。

2）分接开关和绕组接头等接触不良。分接开关和绕组接头等接触不良会使变压器发生局部过热，同样会造成喷油。

3）变压器内部发生绝缘击穿、短路和接地故障。此类故障可使气体压力剧增，如果值班人员不能及时发现或继电保护拒绝动作，除可能在吸湿器或呼吸器处发生喷油外，还可能会在变压器箱体上承受压力的薄弱点，如箱盖下的密封垫等处产生喷油。当油箱内压力超过油箱的允许压力时，可发生箱体炸裂。

防止变压器异常的措施如下。

1）做好变压器的负荷管理工作。应避免变压器超过允许的正常过负荷能力或事故过负荷能力，保证变压器的正常散热条件。变压器散热条件不良或在夏季户外运行时，应适当减低负荷或加强散热，保证变压器温度在允许的温升范围内。

2）保持分接开关和绕组接头等接触部位的良好性能。焊接接头要防止虚焊、夹渣、脱焊；螺栓连接的接头要防止氧化和松动；调压分接开关要保证有效的接触面积和压力，要定期将分接开关反复转动几次，以去除触头表面的氧化膜和油污，调节后还应复查变压器绕组的直流电阻。

3）保持变压器的良好绝缘。变压器的绝缘包括绕组、变压器油、瓷套管、铁芯等。应按规定定期进行预防性试验。

4）应配备完善可靠的保护装置。变压器的保护装置主要包括一、二次侧的继电保护和油箱防爆保护装置。对一次侧电压为 10kV 及以下、二次侧电压为 0.4/0.23kV 采用 Yyn 接线方式的变压器，180kVA 以下的，可用熔断器作为单相及多相短路保护；180～320kVA 的，可用熔断器作多相短路保护，用负荷开关和零序过电流继电器作单相短路保护；400kVA 以上的，一次侧电流互感器采用相差接线方式，使用 GL 型反时限电流继电器作过流和多相短路保护，用接在二次侧中性线上的零序过电流继电器作单相短路保护。

5）建立切实可行的变压器运行规章制度。明确岗位责任，提高人员素质。

7. 负荷监视

变压器三相负载不平衡时，应监视最大一相的电流。

配电变压器联结组别宜采用为 Yyn0 或 Dyn11。配电变压器的三相负荷应尽量平衡，不得仅用一相或两相供电。对于联结组别为 Yyn0 的配电变压器，中性线电流不应超过低压侧额定电流的 25%；对于联结组别为 Dyn11 的配电变压器，中性线电流不应超过低压侧额定电流的 40%，或按制造厂的规定。

8. 电压监视

电压表指示应在允许的电压变动范围内。当电压过高或过低时，可调整变压器无载分接开关，即通过改变压器高压绕组的匝数来调整低压输出电压。在调整无载分接开关时，应先将变压器从电网中退出运行，确保变压器无电压，并做好相应的安全措施，拆除各侧引线。

调整无载分接头开关前，应看清各分接头的位置标志，分清挡位。一般配电变压器共有 3 个或 5 个挡位。3 个挡位的分接开关，每个挡位电压相差 5%，Ⅱ挡处是额定运行位置；5 个挡位的分接开关，每个挡位电压相差 2.5%，Ⅲ挡处是额定运行位置。

例如调整 3 个挡位的分接开关，要使变压器的输出电压升高，则应将变压器分接开关由Ⅱ挡调至Ⅲ挡；分接开关由Ⅱ挡调至Ⅰ挡，则输出电压降低。调整分接开关时一般应将分接开关进行正反转动三个循环，以消除触头上的氧化膜及油污，然后正式变换分接开关。

调整分接头开关后，应测量绕组挡位的直流电阻，检查锁紧位置，还应将分接开关变换情况做好记录并报告调度部门。

二、 变压器信号报警的故障处理

当变压器在运行过程中出现异常情况，并危及正常运行时，会通过音响、光字牌、信号牌等发出报警信号，运行值班人员就应该根据出现不同的报警信号进行分析、判断，并及时处理。

1. 变压器过负荷的处理

（1）当变压器发生过负荷时，会出现如下现象：

1）油温上升。

2）变压器声音有变化。

3）过负荷信号可能动作。

4）冷却装置可能启动。

5）电流表、功率表指示将大于额定值。

（2）过负荷的处理：

1）恢复警报，并汇报值班长，做好记录。

2）及时调整运行方式，如有备用变压器，应立即投入。

3）及时调整负荷的分配情况，联系用户转移负荷。

4）如属正常过负荷，应根据正常过负荷倍数确定允许时间，若超过时间，应立即减少负荷。而且应加强对油温的监视，使其不超过允许值。

5）若为事故过负荷，则允许的倍数和时间应按制造厂的规定执行。如倍数和时间超过允许值，应按规定减小负荷。

6）对变压器本体及与其有关的系统应进行全面检查，发现异常应立即汇报。

2. 冷却系统的故障处理

（1）冷却器故障时的有关规定。变压器当冷却装置全停时，无论负荷大小均不能连续运行。

（2）冷却器全停的故障处理。

1）及时汇报调度，密切注意变压器上层油温的变化。如果故障难以在短时间内查清并排除，在变压器跳闸之前，冷却装置不能很快恢复运行，应做好投入备用变压器或备用电源的准备。冷却器全停的时间接近规定（20min）时，若无备用变压器或备用变压器不能带全部负荷时，如果上层油温未达75℃（冷却器全停的变压器），可根据调度的命令，暂时解除冷却器全停跳闸回路的连接片，继续处理问题，使冷却装置恢复工作，同时严密注视上层油温变化。冷却器全停跳闸回路中，有温度闭锁（75℃）触点的，不能解除其跳闸连接片。若变压器上层油温上升，超过75℃时或虽未超过75℃，但全停时间已达1h未能处理好，应投入备用变压器，转移负荷，故障变压器停止运行。

2）一般情况下，冷却器工作电源失去，电源切换不成功。处理时，应尽量用备用冷却电源，恢复冷却器工作，再检查处理原工作冷却电源的问题。若仍用原工作电源恢复冷却器的工作，会因电源有故障而不能短时恢复，拖延时间。

3）回路中有短路故障，外部检查未发现明显异常，只能更换熔断器试投一次。防止多次向故障点送电，使故障扩大，影响所用电的安全运行。

三、变压器的常见故障类型及处理方法

变压器故障的类型有绕组故障、铁芯故障及套管和分接开关等部件的故障。发生的主要故障是绕组故障，其次是铁芯。当事故发生时，要善于捕捉故障现象，准确判断故障产生的原因，迅速而准确处理故障。表2-5列出了变压器常见故障的种类、现象、产生原因及处理方法。

表2-5　　变压器常见故障的种类、现象、产生原因及处理方法

故障种类	故障现象	故障原因	处理方法
绕组匝间或层间短路	（1）油温升高； （2）变压器异常发热； （3）油发出特殊的“嗞嗞”声； （4）电源侧电流增大； （5）三相绕组的直流电阻不平衡； （6）高压熔断器熔断； （7）气体继电器动作； （8）储油柜盖冒黑烟	（1）绕组绝缘受潮； （2）变压器运行年久，绕组绝缘老化； （3）绕组绕制不当，使绝缘局部受损； （4）油道内落入杂物，使油道堵塞，局部过热； （5）绕组可能存在局部匝间短路	（1）进行浸漆和干燥处理； （2）更换或修复所损坏的绕组、衬垫和绝缘筒； （3）更换或修复绕组； （4）清除油道中的杂物
绕组接地或相间短路	（1）高压熔断器熔断； （2）安全气道薄膜破裂、喷油； （3）气体继电器动作； （4）变压器油燃烧； （5）变压器振动	（1）绕组主绝缘老化或有破损等重大缺陷； （2）变压器进水，绝缘油严重受潮； （3）油面过低，露出油面的引线绝缘距离不足而击穿； （4）绕组内落入杂物； （5）过电压击穿绕组绝缘	（1）更换或修复绕组； （2）更换或处理变压器油； （3）检修渗漏油部位，注油至正常油位； （4）清除杂物； （5）更换或修复绕组绝缘，并限制过电压的幅值
绕组变形与断线	（1）变压器发出异常响声； （2）断线相无电流指示	（1）制造装配不良，绕组未压紧； （2）短路电流的电磁力作用； （3）导线焊接不良； （4）雷击造成断线； （5）制造上有缺陷，强度不够	（1）修复变形部位，必要时更换绕组； （2）拧紧压圈螺钉，紧固松脱的衬垫、撑条； （3）割除熔蚀或截面缩小的导线或补换新导线； （4）修补绝缘，并做浸漆干燥处理； （5）修复改善结构，提高机械强度
铁芯片间绝缘损坏	（1）空载损耗变大； （2）铁芯发热，油温升高，油色变深； （3）吊出器身检查可见硅钢片漆膜脱落或发热； （4）变压器内发出异常响声	（1）硅钢片间绝缘老化； （2）受剧烈振动，片间发生位移或摩擦； （3）铁芯紧固件松动； （4）铁芯接地后发热烧坏片间绝缘	（1）对绝缘损坏的硅钢片重新涂刷绝缘漆； （2）紧固铁芯夹件； （3）按铁芯接地故障处理方法
铁芯多点接地不良	（1）高压熔断器熔断； （2）铁芯发热，油温升高，油色变黑； （3）气体继电器动作； （4）吊出器身检查可见硅钢片局部烧熔	（1）铁芯与穿芯螺杆间的绝缘老化，引起铁芯多点接地； （2）铁芯接地片断开； （3）铁芯接地片松动	（1）更换穿芯螺杆与铁芯间的绝缘套管和绝缘衬； （2）将接地片压紧或更换新接地片

续表

故障种类	故障现象	故障原因	处理方法
变压器油变劣	油色变暗	（1）变压器油长期受热氧化使油质变劣； （2）变压器故障引起放电造成变压器油分解	更换新油或对变压器油过滤
套管闪络	（1）套管表面有放电痕迹； （2）高压熔断器熔断	（1）套管有裂纹或破损； （2）套管表面积灰脏污；套管密封不严，绝缘受损；套管间掉入杂物	（1）更换套管； （2）清除套管表面的积灰和脏污，更换封垫，清除杂物
分接开关烧损	（1）高压熔断器熔断； （2）油温升高； （3）触点表面产生放电声； （4）变压器油发出“咕嘟”声	（1）动触头弹簧压力不够或过渡电阻损坏； （2）开关配备不良，造成接触不良； （3）连接螺栓松动； （4）绝缘板绝缘变劣；变压器油位下降，分接开关暴露在空气中；分接开关位置错位	（1）更换或修复触头接触面，更换弹簧或过渡电阻； （2）按要求重新装配并进行调整； （3）紧固松动的螺栓； （4）更换绝缘板，补注变压器油至正常油位，纠正错位

项目3

三相电力变压器的运行

任务 3.1 三相变压器的空载及负载运行

问题引入

三相变压器运行时与单相变压器相比，有何异同？三相变压器的电路系统和磁路系统与单相变压器相比，又有哪些特点？

任务描述

根据变压器的空载和负载实验数据，总结组式变压器和芯式变压器的磁路特点以及三相变压器负载运行的特点。

学习目标

（1）能够熟练完成变压器的接线（星形连接、三角形连接）。

（2）理解三相变压器的磁路特点及空载电流特点。

（3）掌握三相变压器负载运行的特点。

子任务 3.1.1 三相变压器绕组的接线

预习内容

三相变压器绕组的连接方法

在三相变压器中，不论是一次绕组还是二次绕组，最常用的连接方法有星形和三角形两种。三相绕组的连接法和线端标志的符号见表 3-1。

表 3-1　　三相绕组连接法和线端标志的符号

绕组名称	线端标志		连接法		星形连接有中线引出时
	首端	尾端	星形	三角形	
高压绕组	ABC	XYZ	Y	D	YN
低压绕组	abc	xyz	y	d	yn

（1）星形连接（以高压绕组为例）。星形连接是将三相绕组的尾端 X、Y、Z 连接在一起形成中性点，而把它们的三个首端 A、B、C 作为引出端，有时还需将中性线引出，

如图 3-1（a）所示。

（2）三角形连接（以高压绕组为例）。三角形连接是将三相绕组的首尾端顺次连接成闭合回路，把三个首端 A、B、C 分别引出。三角形连接分为两种：一种是按 AX—BY—CZ 次序（也叫做顺接），把一相的尾端与另一相绕组的首端依次连接，将三相绕组的首端引出，如图 3-1（b）所示；另一种是按 AX—CZ—BY 次序（也叫做倒接）连接的三角形接法，如图 3-1（c）所示。

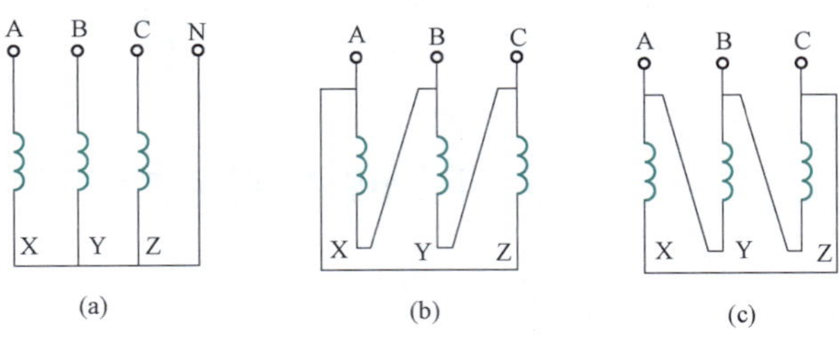

图 3-1　三相绕组的连接方式

（a）引出中性线的星形接法；（b）AX—BY—CZ 次序的三角形接法；（c）AX—CZ—BY 次序的三角形接法

任务实施

（1）任务描述。分组讨论实施，反复练习三相绕组的星形连接和三角形连接，并区分升压变压器和降压变压器。

利用试验装置的三相电源、三相变压器、三相负载，练习变压器和负载的星形连接和三角形连接，使三者构成一个简易电力系统。

（2）接线要求：能够区分升压变压器和降压变压器，并根据给定的接线方式完成接线，如图 3-2 所示。

（3）分组练习任务：

1）任务 1：一台降压变压器 Yd 连接，与三角形连接的负载形成回路。

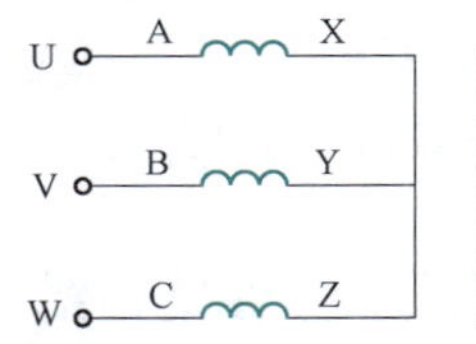

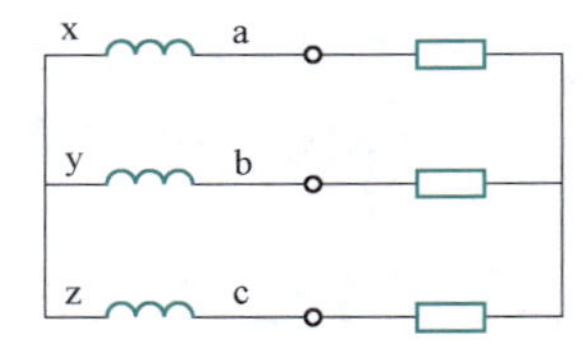

图 3-2　变压器 Yy 连接

2）任务 2：一台升压变压器 Yy 连接，与三角形连接的负载形成回路。

3）任务 3：一台升压变压器 Yd 连接，与星形连接的负载形成回路。

（4）操作要点及注意事项。该任务的目的是使学生掌握变压器的星形连接、三角形连接，练习接线需要借助电机综合试验装置，不需要通电操作。

子任务 3.1.2　三相变压器的空载运行

三相变压器一次绕组接三相电源，二次绕组开路的运行状态称为三相变压器的空载运行。

探究试验

（1）任务描述。将三相组式变压器接成 Yy 连接，一次侧加额定电压，二次侧开路，测试空载电流；将三相芯式变压器接成 Yy 连接，一次侧加额定电压，二次侧开路，测试空载电流。

（2）操作要点及注意事项。检查接线是否正确、调压器是否在零位、仪表量程是否正确，合闸送电，缓慢调节调压器升压至额定值，记录三相空载电流。数据记录完毕，将调压器调至零位，切断试验电源。

（3）数据表格。将试验数据记录在表 3-2、表 3-3 中。

表 3-2　　三相组式变压器的空载试验数据

U_{1N}(V)	I_{0A}(A)	I_{0B}(A)	I_{0C}(A)

表 3-3　　三相芯式变压器的空载试验数据

U_{1N}(V)	I_{0A}(A)	I_{0B}(A)	I_{0C}(A)

（4）试验讨论。比较两组数据，观察并讨论相同电压下，两种变压器的磁路有何不同？两种变压器的三相空载电流有何特点及规律？

相关知识学习

一、三相变压器的磁路

三相变压器的磁路结构可大致分为两类，一类是每相的磁路彼此独立、互不相关的组式结构，另一类是各相的磁路相互关联、联系密切的芯式结构。

组式和芯式变压器的磁路特点

1. 三相组式变压器

把三个完全相同的单相变压器，按一定的连接方式组合起来的三相变压器，通常称为三相变压器组或称为组式三相变压器，如图 3-3所示。

从图 3-3 中可以明显地看出，三个单相变压器虽然从电路上已经按照三相电力系统的特点，以一定的连接方式连接在一起了，但是，从各自的磁路看还是彼此独立的，相互不发生联系。

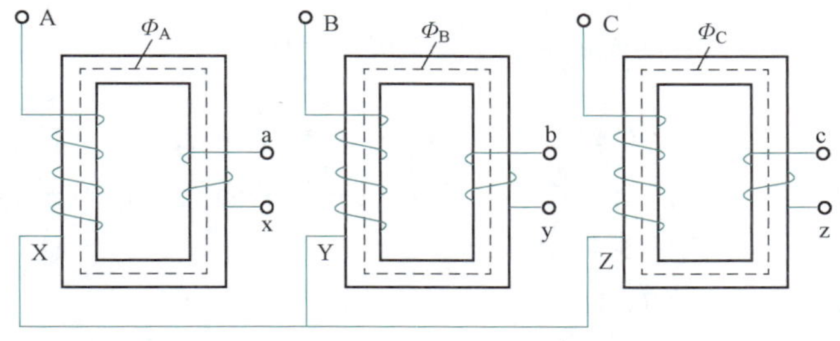

图 3-3　三相组式变压器

芯式变压器的铁芯演变动画

2. 三相芯式变压器

各相磁路相互联系的三相变压器，通常称为三相芯式变压器，又称为三相铁芯柱式变压器，如图 3-4 所示。变压器是三个芯柱、两个铁轭的铁芯结构，即上下各一个铁轭。从磁路上看，变压器彼此之间是相互联系的。在这种磁路系统的三相变压器中，每相磁通都是以另外两相的磁路作为本相磁通的闭合回路。

三相芯式变压器铁芯的结构形式是多种多样的，图 3-4 所示三相芯式变压器，为目前我国生产的三相电力变压器中用得最普遍的一种，对这种三相芯式变压器的铁芯结构形式，可以理解为三个单相变压器在铁芯结构上的演变，如图 3-5 所示。

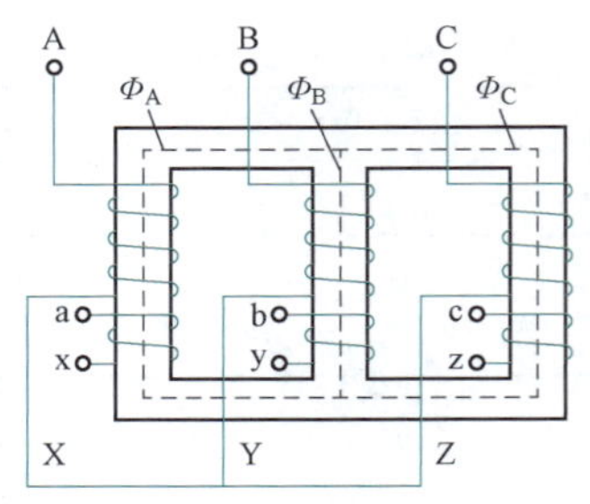

图 3-4　三相芯式变压器

先把三个单相变压器的一个芯柱贴合在一起，每个单相变压器的一、二次绕组，均各自布置在没有贴合的另一个芯柱上。这时在中央公共铁芯柱内的总磁通为三相磁通之和，即

$$\dot{\Phi}_{\Sigma} = \dot{\Phi}_A + \dot{\Phi}_B + \dot{\Phi}_C \tag{3-1}$$

在三相对称系统中，三相的磁通和三相的电压一样，同样是大小相等，并且相位互差 120°的相角，这样的三个磁通之和恒等于零，即

$$\dot{\Phi}_A + \dot{\Phi}_B + \dot{\Phi}_C = 0 \tag{3-2}$$

因此，就可以省去中央这一个铁芯柱的材料了，变成如图 3-5（b）所示的无中间心柱型的三相变压器。

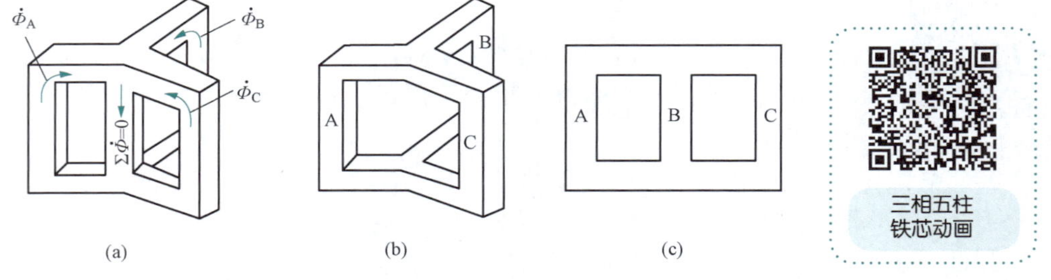

(a)　(b)　(c)

图 3-5　三相芯式变压器的演变

（a）有中间芯柱型；（b）无中间芯柱型；（c）常用的平面布置型

在实际制造时，为使铁芯的结构形式简单、生产工艺简便、降低成本，往往把其中一相（B 相）的铁轭缩短，使三个铁芯柱排列在一个平面上。这就是目前我国大量生产的三相芯式变压器铁芯结构的实际形式。

二、 三相变压器的空载运行

三相组式变压器的磁路是对称的，因此在三相对称电源的作用下，三相空载电流是对称的，探究实验中表 3-2 的数据反映的就是这个结论。

三相芯式变压器的磁路却不是很对称的。可以看出，中间那一相的磁路长度要比两边的磁路短一些，磁阻小。因此，在 $\Phi_A = \Phi_B = \Phi_C$ 的情况下，中间那一相的励磁电流就会比另外两相的励磁电流要小一些。由于电力变压器的励磁电流比较小，因此它对实际运行的影响不大，探究实验中表 3-3 的数据可以反映这一结论。

比较上述两种不同磁路结构的变压器可以看出，在相同的额定容量下，三相芯式变压器比组式变压器节省材料，效率也高，这是三相芯式变压器的优点。但三相变压器组中每一个单相变压器的体积小、质量轻、运输维护方便，所以对于特大容量的三相变压器，考虑运输条件困难时仍采用组式变压器。

子任务 3.1.3　三相变压器的负载运行

三相变压器一次绕组接三相电源，二次绕组接三相负载的运行状态称为三相变压器的负载运行。

任务实施

(1) 任务描述。将三相变压器 Yy 连接，一次侧加额定电压，二次侧带三相对称电阻性负载，通过调节负载大小，测试数据，得出三相变压器负载运行的特点。

(2) 操作要点及注意事项。检查接线是否正确、调压器是否在零位、仪表量程是否正确，合闸送电，缓慢调节调压器升压至额定值，记录三相空载电流。检查三相电阻处于最大值，闭合负载开关，记录数据。数据记录完毕，将负载阻值调回到最大值，断开负载开关，将调压器调至零位，切断试验电源，试验电路如图 3-6 所示。

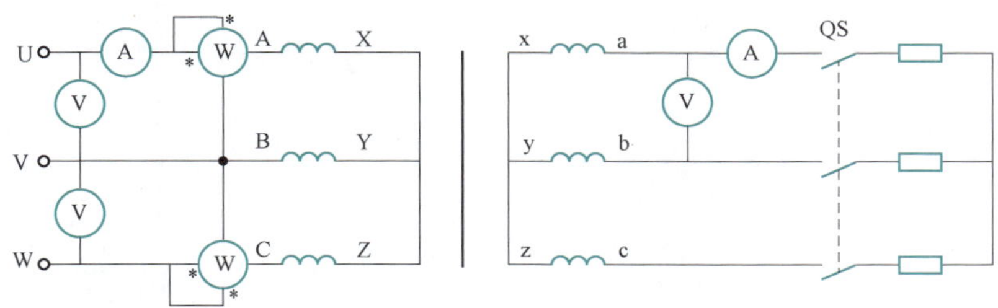

图 3-6　三相变压器的负载运行接线图

(3) 数据表格。将试验数据记录在表 3-4 中。

表 3-4　　三相变压器负载运行试验数据

U_{1N}(V)	U_2(V)	I_1(A)	I_2(A)	P(W)

(4) 试验讨论。

1) 对照单相变压器，总结变压器的磁动势平衡和外特性。

2) 三相变压器带感性负载和容性负载时的规律是怎样的？请试验验证。

3）通过与单相变压器负载运行的特点进行比对，你能得出什么结论？

1. 说明三相绕组星形连接和三角形连接时线电压与相电压、线电流与相电流的关系。

2. 芯式变压器和组式变压器的磁路各有何特点？三相励磁电流有何不同？应用场合有何不同？

3. 三相变压器带上负载后，二次侧电压会发生变化吗？有何规律？

4. 变压器正常带负荷运行时，有哪些方法可判断变压器所带负荷的大小？

任务3.2 变压器的联结组标号测定

问题引入

在三相变压器的铭牌上，标示有“联结组标号”，联结组标号中的字母和数字有什么含义？变压器修理后必须做出厂试验，其中联结组标号的测定是试验内容之一，那么如何测定联结组标号呢？

任务描述

通过三相变压器的接线和试验数据以及不同变压器联结组标号的相量图，判断变压器的联结组标号。

学习目标

（1）理解联结组标号的含义。

（2）学会变压器极性的测量方法。

（3）掌握联结组标号的相量图分析方法。

（4）学会联结组标号的测量方法。

（5）了解常用的联结组标号。

子任务3.2.1 变压器的极性测量

预习内容

单相变压器的主磁通及高低压绕组的感应电压都是交变的，无固定的极性。这里所讲的极性是指某一瞬间的相对极性，即任一瞬间，高压绕组的某一端点的电位为正（高电位）时，低压绕组必有一个端点的电位也为正（高电位），这两个具有正极性或另两个具有负极性的端点，称为同极性端或同名端，用符号“•”或“*”表示。高、低压绕组的首端可能为同名端，也可能为异名端，这取决于绕组的绕向和线端标志。

设单相变压器高、低压绕组内的电压的正方向都是从首端指向尾端，当高、低压绕组的绕向相同，线端标志也相同时，则高、低压绕组的首端A和a为同名端，因此高、低压绕组的电压同相，连接组标号为Ii0，如图3-7（a）所示。当高、低压绕组的绕向相同，但线端标志不同时，高、低压绕组的首端为异名端，两电压反相，连接组标号为Ii6，如图3-7（b）所示。

综上所述，不管怎样组合单相变压器高、低压绕组的绕向和线端标志，高、低压绕组的相对极性只有两种情况，不是同极性，就是异极性。

任务引入

如果变压器同名端的“*”已辨认不清或消失，则应对变压器同名端进行测量确认，而不能盲目乱接。首先用万用表的电阻挡确认同一个绕组的两个端子，然后再辨别绕组的同名端。

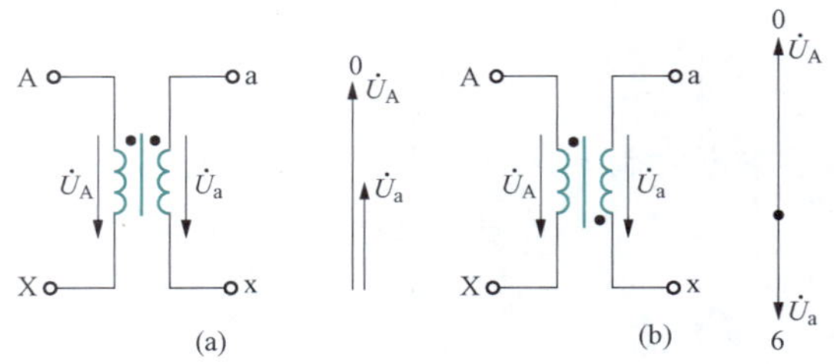

图 3-7　单相变压器联结组和相量图

（a）Ii0；（b）Ii6

任务实施

一、直流测定法测量给定变压器的极性

用直流法测单相变压器的极性时，为了安全，一般多采用 1.5V 的干电池或 2～6V 的蓄电池和直流电流表或直流电压表，在变压器高压绕组接通直流电源的瞬间，根据低压绕组电流或电压的正负方向，来确定变压器各出线端的极性。

步骤一，设定线端。假定高压绕组 A、X 端与低压绕组 a、x 端，并做好标记。

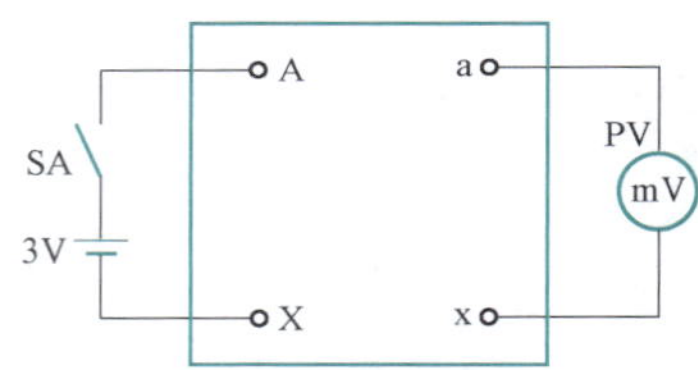

图 3-8　直流法测定高、低压绕组极性的接线图

步骤二，连接线路。如图 3-8 所示，将电池的“—”极接至高压绕组 X 端，而“+”极接到开关 SA，然后接到高压绕组 A 端；在低压绕组间接入一个直流毫伏表（或直流毫安表）。

步骤三，测定判断。如图 3-8 所示，当合上开关 SA 的瞬间，变压器铁芯充磁，根据电磁感应定律，在变压器两绕组中有感应电动势产生，如直流毫伏表（或直流毫安表）的指针向零刻度的正方向（右方）正摆，则被测变压器 A 与 a，X 与 x 是同名端。如指针向负方向（左方）反摆，则被测变压器 A 与 x，a 与 X 是同名端。

二、交流测定法测定给定变压器的极性

按图 3-9 所示接线图将低压侧 a 端与高压侧 A 端用导线连接起来，在高压侧 AX 上施加适当的交流电压（一般不超过 250V），然后分别测量高、低压侧的电压 U_1 和 U_2 以及 X 与 x 之间的电压 U_X 。

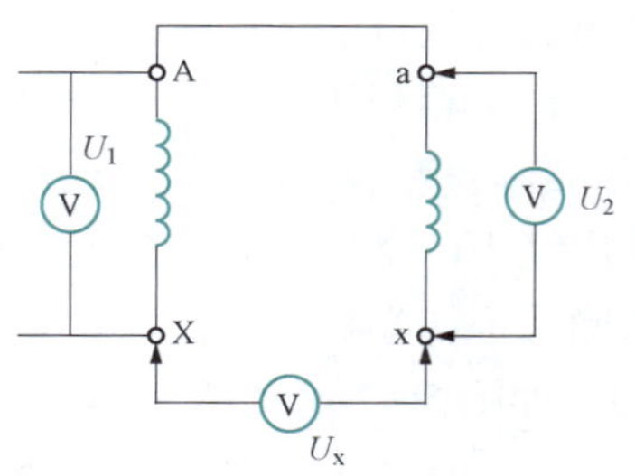

图 3-9　交流法测定高、低压绕组极性的接线图

若 $U_X=U_1-U_2$ ，说明 $\dot{U}_1$ 与 $\dot{U}_2$ 同相，A 与 a 为同名端；若 $U_X=U_1+U_2$ ，则说明 $\dot{U}_1$ 与 $\dot{U}_2$ 反相，A 与 a 为异名端。

学生分组对被测变压器进行极性测量，老师指导。

子任务 3.2.2　变压器的联结组标号测量

预习内容

三相变压器的联结组标号是表示高、低压绕组联结方式以及高、低压侧对应线电压（或线电动势）之间相位关系的符号。例如 Yy0、Yd11 等。联结组标号由字母和数字两部分组成，大写字母表示高压绕组的连接方法，小写字母表示低压绕组的联结方法，后面的数字可以是 0～11 间的整数，该数字乘以 30°即为低压侧线电压滞后于高压侧对应线电压的相位角。这种相位关系通常用时钟表示法来描述，即以高压侧线电压相量作为时钟的分针，并令其固定指向“12”位置，以低压侧对应的线电压相量作为时针，时针所指的时数就是联结组标号的数字。

三相变压器高、低压绕组的联结方式不同，高、低压侧对应线电压之间的相位关系也不同。下面举例介绍三相变压器联结组标号的判定方法。

（1）Yy0 连接组。图 3 - 10 所示为 Yy0 联结组的接线图及电压相量图。图中高、低压绕组的首端为同名端，因此高、低压绕组的对应相电压同相位，对应的线电压也同相位。取 A、a 点重合的相量图，可见 $\dot{U}_{AB}$ 指向时钟的“12”位置时，$\dot{U}_{ab}$ 也指向“12”，其联结组标号为 Yy0。

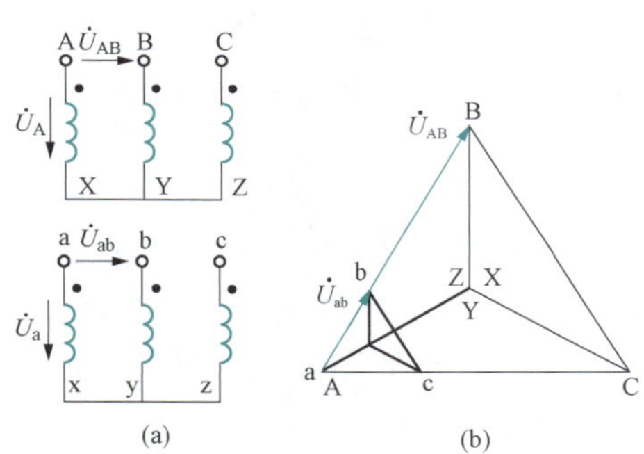

图 3 - 10　Yy0 联结组的接线图及电压相量图

（a）接线图；（b）相量图

（2）Yd11 联结组。图 3 - 11 所示为 Yd11 联结组的接线图及电压相量图。图中低压绕组为倒接三角形接法，而且高、低压绕组首端为同名端，因此高、低压绕组的对应相电压同相，低压绕组线电压 $\dot{U}_{ab}$ 滞后对应的高压绕组线电压 $\dot{U}_{AB}$ 330°。取 A、a 点重合的相量图，可见 $\dot{U}_{AB}$ 指向时钟的“12”位置时，$\dot{U}_{ab}$ 指向“11”，其联结组标号为 Yd11。

（3）Yd1 联结组。图 3 - 12 所示为 Yd1 联结组的接线图及电压相量图。图中低压绕组为顺接三角形接法，而且高、低压绕组首端为同名端，因此高、低压绕组的对应相电压同相，低压绕组线电压 $\dot{U}_{ab}$ 滞后对应的高压绕组线电压 $\dot{U}_{AB}$ 30°。取 A、a 点重合的相量图，可见 $\dot{U}_{AB}$ 指向时钟的“12”位置时，$\dot{U}_{ab}$ 指向“1”，其联结组标号为 Yd1。

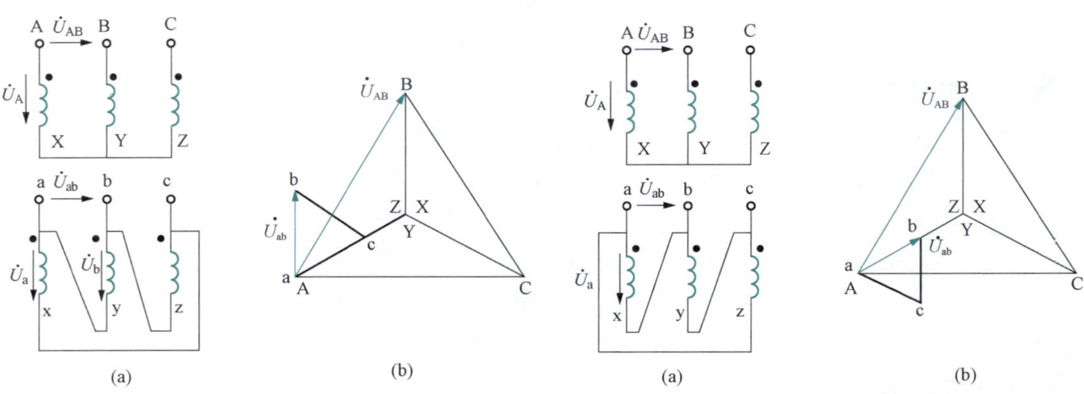

图 3-11　Yd11 联结组的接线图及电压相量图
（a）接线图；（b）相量图

图 3-12　Yd1 联结组的接线图及电压相量图
（a）接线图；（b）相量图

对于 Yd 接法的三相变压器，除上述两种联结组标号外，改变绕组线端标志或绕组极性，还可以得到 3、5、7、9 四种奇数的联结组标号数字。

综上所述，三相变压器的联结组标号与高低压绕组的连接方式、绕组绕向及线端标志有关。改变这三个因素中的任意一个，都将影响变压器的连接组标号。三相变压器联结组标号的数字共有 12 个，其中偶数和奇数各 6 个。高低压绕组联结方法相同时，联结组标号数字必定为偶数；高低压绕组联结方法不同时，联结组标号数字必定为奇数。

三相变压器的联结组标号较多，为了便于制造和使用，国家标准规定 Yyn0、Yd11、YNd11、YNy0、Yy0 等 5 种为三相双绕组电力变压器的标准联结组标号，最常用的为前 3 种。Yyn0 的二次引出中线，可构成三相四线制供电，多用于配电变压器。YNd11 主要用于高压输电线路，使电力系统的高压侧可以通过中性点接地。Yd11 有一侧接成三角形，对运行有利。

任务实施

（1）连接组标号的测定。按图 3-13 将低压侧 a 端与高压侧 A 端用导线连接起来，在高压侧施加适当的三相交流电压，用电压表分别测取 U_{Bb} 、U_{Cc} 、U_{Bc}、U_{AB}、U_{ab} 。如果测得的电压大小符合表 3-6 中某一联结组标号数字的关系，则说明该变压器就属于这个组别。表 3-6 中的变压比 $k=U_{AB}/U_{ab}$ 。

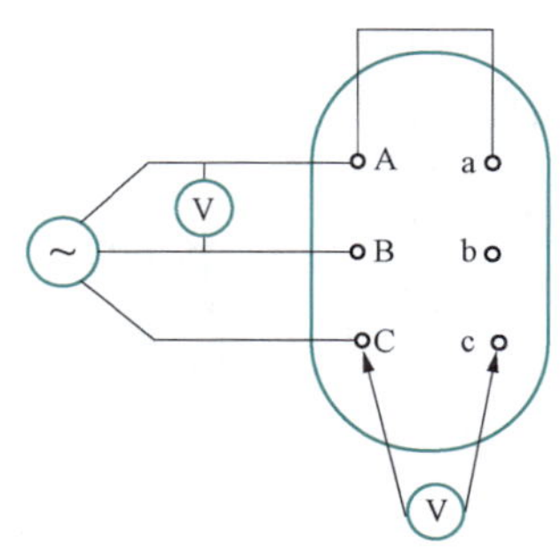

图 3-13　测定三相变压器联结组别的接线图

（2）操作要点。首先要将低压侧 a 端与高压侧 A 端连在一起，将调压器电压调至适当值（为了安全起见，建议不超过 100V），测试相关数据并记录。记录数据后，将调压器调至零位，切断试验电源。

（3）数据记录。将试验数据记录在表 3-5 中。

表 3 - 5　　联结组标号的试验数据

U_{AB}	U_{ab}	U_{Bb}	U_{Cc}	U_{Bc}

现以联结组标号 Yd11 为例，说明表 3 - 6 所列的电压关系。因为高、低压绕组线端 A 与 a 连在一起，A 与 a 等电位，因此电压三角形的 A 与 a 点重合在一起，如图 3 - 14 所示。根据几何关系可以证明 U_{Bb}、U_{Cc}、U_{Bc} 之间的关系为

$$U_{Bb}=U_{Cc}=U_{Bc}=U_{ab}\sqrt{k^2-\sqrt{3}k+1} \tag{3-3}$$

式中　k——变压器的变压比。

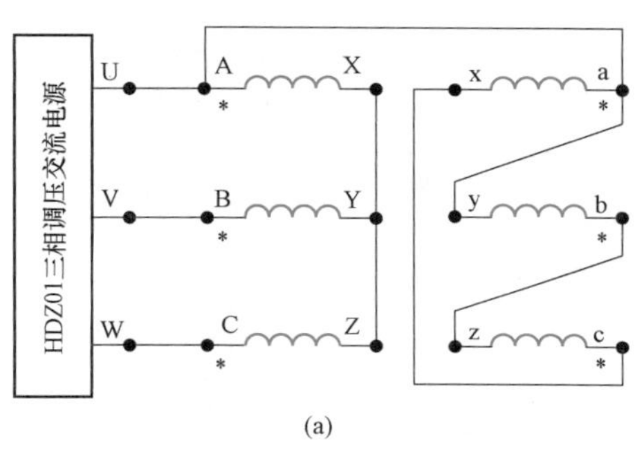

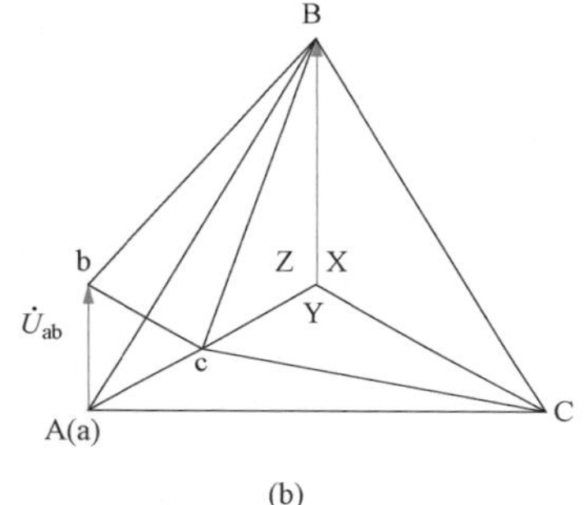

图 3 - 14　Yd11 联结组的高、低压侧电压关系

（a）接线图；（b）相量图

表 3 - 6　　不同联结组标号的电压关系

联结组标号数字	电压大小关系	
	$U_{Bb}=U_{Cc}$	U_{Bc}/U_{Bb}
0	$U_{ab}(k-1)$	>1
1	$U_{ab}\sqrt{k^2-\sqrt{3}k+1}$	>1
2	$U_{ab}\sqrt{k^2-k+1}$	>1
3	$U_{ab}\sqrt{k^2+1}$	>1
4	$U_{ab}\sqrt{k^2+k+1}$	>1
5	$U_{ab}\sqrt{k^2+\sqrt{3}k+1}$	=1
6	$U_{ab}(k+1)$	<1
7	$U_{ab}\sqrt{k^2+\sqrt{3}k+1}$	<1
8	$U_{ab}\sqrt{k^2+k+1}$	<1
9	$U_{ab}\sqrt{k^2+1}$	<1
10	$U_{ab}\sqrt{k^2-k+1}$	<1
11	$U_{ab}\sqrt{k^2-\sqrt{3}k+1}$	=1

思考与练习

1. 画出 Yy0 和 Yd11 联结三相变压器的一、二次绕组接线图和电动势相量图。
2. 影响三相变压器联结组标号的因素有哪些?
3. 三相变压器有哪 5 种标准联结组标号?它们分别适用于哪些场合?
4. 如果试验测试出 $U_{Bb}=U_{Cc}=U_{Bc}$,请判断三相变压器的联结组标号。

任务 3.3　三相变压器的并联运行

问题引入

变压器给用户提供电能，当用户用电需求量增大，而变压器容量不够时，必须考虑增容问题。可以更换大容量变压器，或者再接入变压器与原有变压器并联运行共同向用户供电。

任务描述

通过测试不满足并联条件的两台变压器的环流，得出三相变压器并联运行的条件。

学习目标

（1）了解变压器并联运行的优点。

（2）掌握变压器并联运行需要满足的条件。

（3）理解变压器不满足并联条件的后果。

预习内容

一、并联运行的概念

并联运行是指两台或两台以上的变压器一、二次绕组分别接于公共母线上，共同向负载供电的运行方式。在发电厂和变电站中几乎都采用若干台变压器并联运行的方式。图 3-15 所示为两台三相变压器并联运行的接线图。

变压器并联运行的条件

二、变压器并联运行的优点

（1）提高供电的可靠性。当并联运行的变压器中任一台发生故障或需要检修时，其他变压器可继续向负载供电，从而保证了供电的可靠性。

（2）提高供电的经济性。变压器并联运行时，可根据负载的大小变化，调整运行变压器的台数，以使运行变压器工作在较高效率，减小电能损耗。

（3）减少初次投资。对于大中型变电站，可随着用电量的不断增加，分批安装变压器，就不需要开始时就按最终用电的需要装设大容量变压器，减少了初期投资。

当然，并联运行变压器的台数也不宜过多，否则，总的设备费用、材料消耗、占地面积都将增大，使变电站总的造价升高。

变压器并联运行必须满足一定的条件，若不满足这些条件将对变压器本身和电力系统产生不良影响。

三、并联运行的理想状态和并联条件

1. 并联运行的理想状态

（1）并联变压器空载运行时，各台变压器之间无环流。

（2）并联变压器负载运行时，各台变压器所分担的负载与其容量大小成比例，以保证设备容量得到充分利用，防止有的变压器过载或欠载。

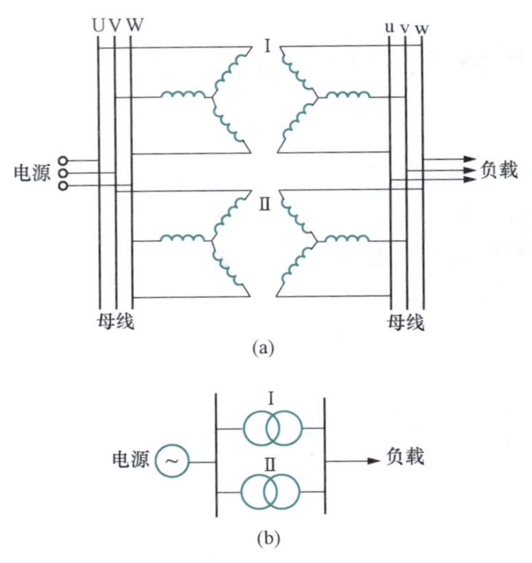

图 3-15　两台三相变压器并联运行接线图
（a）三相接线图；（b）单线图

（3）并联运行时各台变压器的输出电流相位相同，以保证各台变压器输出电流一定时，总的输出电流最大。

2. 并联运行条件

为了达到上述的理想并联状态，并联运行的变压器应满足以下三个条件：

（1）各变压器一、二次额定电压应分别相等，即变比相等。

（2）各变压器的联结组标号相同。

（3）各变压器的短路阻抗（短路电压）标幺值相等，短路阻抗角也相等。

演示试验

找两台参数近似相同的单相变压器，一次侧加相同额定电压，二次绕组开路，测试二次额定电压。两台变压器一次电压相同，二次电压有不大的电压差。将两台变压器并联运行，二次侧空载，如图 3-16 所示，测试环流的大小。

由于两台变压器二次额定电压不同，并联运行会产生环流。观察电压差的大小，再观察环流的大小。引导学生得出结论：由于变压器内部阻抗很小，即使很小的电压差也能造成很大的环流。

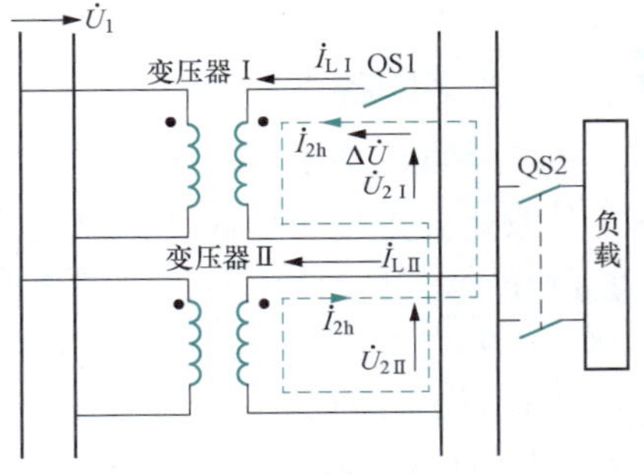

图 3-16　变比不等时的并联运行示意图

相关知识学习

下面进行不满足并联条件时的运行分析。

为了简化起见，在分析某一条件不满足时，假定其他条件是满足的。

一、变比不等时的情况

假设两台变压器变比不等，$k_{\text{I}} < k_{\text{II}}$。

先分析空载时的情况。将负载开关 QS2 和二次回路开关 QS1 断开，如图 3-15 所示，两台变压器的一次施加同一电压 $\dot{U}_1$，由于 $k_{\text{I}} < k_{\text{II}}$，致使两台变压器的二次电压不相等，且 $\dot{U}_{2\text{I}} > \dot{U}_{2\text{II}}$，在二次回路开关 QS1 两端出现电压差 $\Delta\dot{U}$，即

$$\Delta\dot{U} = \dot{U}_{2\,\text{I}} - \dot{U}_{2\,\text{II}} = \left(-\frac{\dot{U}_1}{k_{\text{I}}}\right) - \left(-\frac{\dot{U}_2}{k_{\text{II}}}\right) \tag{3-4}$$

若将开关 QS1 闭合，两台变压器并联空载运行，在 $\Delta\dot{U}$ 作用下，二次回路中产生环流 $\dot{I}_{2h}$，即

$$\dot{I}_{2h} = \frac{\Delta\dot{U}}{Z_{K\mathrm{I}} + Z_{K\mathrm{II}}} \tag{3-5}$$

式中　$Z_{K\mathrm{I}}$、$Z_{K\mathrm{II}}$——变压器Ⅰ、Ⅱ折算到二次的短路阻抗。

根据磁动势平衡关系，两台变压器的一次除空载电流外，还将增加一个与二次环流相平衡的一次环流。此时，由于平衡二次环流，从电源输入的电流增加，引起额外损耗。

尽管电压差 $\Delta\dot{U}$ 不大，但因短路阻抗 $Z_{K\mathrm{I}}$、$Z_{K\mathrm{II}}$ 很小，也会产生很大的环流，造成空载损耗增加。一般要求环流不超过额定电流的 10%，为此变比差值 $\Delta k = \frac{k_{\mathrm{I}} - k_{\mathrm{II}}}{\sqrt{k_{\mathrm{I}} k_{\mathrm{II}}}}$ 不应大于 0.5%。

再分析负载时的情况。将负载开关 QS2 合上，并联的两台变压器带上负载，此时各变压器二次流过的实际电流为负载电流和环流的相量和。设 $\dot{I}_{L\mathrm{I}}$、$\dot{I}_{L\mathrm{II}}$ 分别为两台变压器二次绕组中的负载电流，根据图 3-15 中所示的电流正方向，则各台变压器的二次实际电流为

$$\left.\begin{aligned}\dot{I}_{2\mathrm{I}} &= \dot{I}_{L\mathrm{I}} + \dot{I}_{2h}\\ \dot{I}_{2\mathrm{II}} &= \dot{I}_{L\mathrm{II}} - \dot{I}_{2h}\end{aligned}\right\} \tag{3-6}$$

一般情况下，变压器的负载电流为感性电流，环流近似为纯感性电流。由式（3-6）可知，变比小的第Ⅰ台变压器电流较大，变比大的变压器Ⅱ的电流较小。若变压器Ⅰ满载，则变压器Ⅱ尚处于欠载。

综上所述，变压器变比不等时并联运行，空载时的一、二次回路会产生环流，增加了附加损耗。负载时，由于环流的存在，使变比小的变压器电流大，可能过载；变比大的变压器电流小，可能欠载，这就限制了变压器的输出功率。因此，当变比稍有不同的变压器需要并联运行时，容量大的变压器具有较小的变比为宜。

二、联结组标号不同时的情况

联结组标号不同的变压器并联运行时，后果是非常严重的。以 Yy0 与 Yd11 两台变压器并联运行为例，二次对应线电压的相位差只有 30°，如图 3-17 所示，但二次的电压差为

$$\Delta U = 2U_{ab}\sin\frac{30^{\circ}}{2} = 0.518U_{ab} \tag{3-7}$$

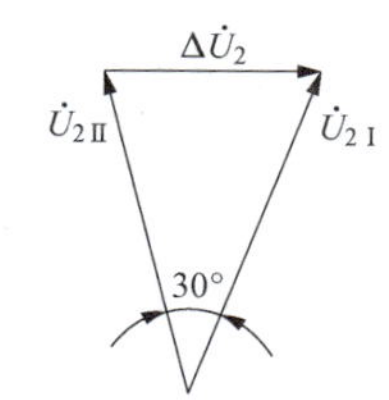

图 3-17　Yy0 与 Yd11 变压器并联运行时的电压差

可见电压差可达二次线电压的 51.8%，这样大的电压差所引起的环流，将超过额定电流的许多倍，可能烧毁变压器。因此，联结组标号不同的变压器绝对不允许并联运行。

三、短路阻抗标幺值不等时的情况

下面分两种情况进行分析。

1. 短路阻抗标幺值相等而阻抗角不等

图 3-18 所示为两台变压器并联运行时的简化等效电路，若两台变压器的阻抗角 $\varphi_{k\mathrm{I}} = \varphi_{k\mathrm{II}}$，则电流 $\dot{I}_{\mathrm{I}}$ 与 $\dot{I}_{\mathrm{II}}$ 同相位，总电流就是各台变压器的电流算术和，即 $I = I_{\mathrm{I}}$

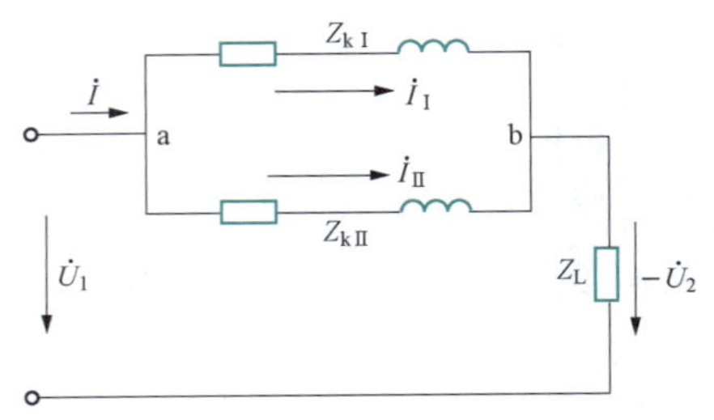

图 3-18　两台变压器并联运行时的等效电路

$+\dot{I}_{\mathrm{II}}$。若两台变压器的阻抗角不等，则电流 $\dot{I}_{\mathrm{I}}$ 与 $\dot{I}_{\mathrm{II}}$ 之间存在相位差，总电流为各台变压器的电流相量和，即 $\dot{I}=\dot{I}_{\mathrm{I}}+\dot{I}_{\mathrm{II}}$。显然，阻抗角不等时的总电流要小些，变压器的设备容量不能充分利用。

一般情况下，变压器之间的容量相差越大，短路阻抗角的差别就越大。所以，要求并联运行变压器的容量之比不应超过 3∶1。

2. 短路阻抗角相等而短路阻抗标幺值不等

由图 3-18 可知，a、b 两点间的短路阻抗压降为

$$I_{\mathrm{I}}Z_{k\mathrm{I}}=I_{\mathrm{II}}Z_{k\mathrm{II}} \tag{3-8}$$

由于

$$\left.\begin{aligned}I_{\mathrm{I}}Z_{k\mathrm{I}}&=\frac{I_{\mathrm{I}}}{I_{\mathrm{IN}}}\times\frac{I_{\mathrm{IN}}Z_{k\mathrm{I}}}{U_{\mathrm{IN}}}U_{\mathrm{IN}}=\beta_{\mathrm{I}}Z_{k\mathrm{I}}^{*}U_{\mathrm{IN}}\\I_{\mathrm{II}}Z_{k\mathrm{II}}&=\frac{I_{\mathrm{II}}}{I_{\mathrm{IIN}}}\times\frac{I_{\mathrm{IIN}}Z_{k\mathrm{II}}}{U_{\mathrm{IIN}}}U_{\mathrm{IIN}}=\beta_{\mathrm{II}}Z_{k\mathrm{II}}^{*}U_{\mathrm{IIN}}\end{aligned}\right\} \tag{3-9}$$

考虑到 $U_{\mathrm{IN}}=U_{\mathrm{IIN}}$，则

$$\left.\begin{aligned}\beta_{\mathrm{I}}Z_{k\mathrm{I}}^{*}&=\beta_{\mathrm{II}}Z_{k\mathrm{II}}^{*}\\\beta_{\mathrm{I}}:\beta_{\mathrm{II}}&=\frac{1}{Z_{k\mathrm{I}}^{*}}:\frac{1}{Z_{k\mathrm{II}}^{*}}\end{aligned}\right\} \tag{3-10}$$

式中　β_{I}、β_{II}——变压器Ⅰ、Ⅱ的负载系数；

$Z_{k\mathrm{I}}^{*}$、$Z_{k\mathrm{II}}^{*}$——变压器Ⅰ、Ⅱ的短路阻抗标幺值。

短路阻抗标幺值不等的变压器并联运行时，各台变压器所分担的负载（即负载系数）与自身的短路阻抗标幺值成反比。因此，当短路阻抗标幺值大的变压器满载（$\beta=1$）运行时，短路阻抗标幺值小的变压器已过载（$\beta>1$）；反之，当短路阻抗标幺值小的变压器满载运行时，短路阻抗标幺值大的变压器却欠载（$\beta<1$）。

实际上，变压器是不允许长期过载运行的。所以，当短路阻抗标幺值不等的变压器并联运行时，向负载提供最大输出功率的运行情况只能是：让短路阻抗标幺值小的那台变压器满载运行，而其他变压器一律欠载运行。这造成变压器的容量不能充分利用，是不经济的。因此，要求并联运行的各台变压器的短路阻抗标幺值与所有并联运行变压器短路阻抗标幺值算术平均值之差不大于±10%。

【例 3-1】 某变电站有两台三相变压器并联运行，数据如下：变压器Ⅰ，1000kVA，35/10kV，Yd11，$U_k^{*}=0.0675$；变压器Ⅱ，1800kVA，35/10kV，Yd11，$U_k^{*}=0.0825$。

试求：

(1) 总负载为 2800kVA 时，每台变压器所分担的负载是多少？

(2) 不使任何一台变压器过载时最大的输出功率为多少？变压器的总利用率为多少？

解（1）根据已知条件列出方程组为

$$\begin{cases} \beta_{\mathrm{I}} S_{\mathrm{NI}} + \beta_{\mathrm{II}} S_{\mathrm{NII}} = 1000\beta_{\mathrm{I}} + 1800\beta_{\mathrm{II}} = 2800 \\ \dfrac{\beta_{\mathrm{I}}}{\beta_{\mathrm{II}}} = \dfrac{Z_{\mathrm{kII}}^*}{Z_{\mathrm{kI}}^*} = \dfrac{U_{\mathrm{kII}}^*}{U_{\mathrm{kI}}^*} = \dfrac{0.0825}{0.0675} = 1.22 \end{cases}$$

解联立方程得

$$\beta_{\mathrm{I}} = 1.131,\ \beta_{\mathrm{II}} = 0.927$$

变压器Ⅰ分担的负载为 $S_{\mathrm{I}} = \beta_{\mathrm{I}} S_{\mathrm{NI}} = 1.131 \times 1000 = 1131(\mathrm{kVA})$，过载 13.1%。

变压器Ⅱ分担的负载为 $S_{\mathrm{II}} = \beta_{\mathrm{II}} S_{\mathrm{NII}} = 0.927 \times 1800 = 1669(\mathrm{kVA})$，欠载 7.28%。

（2）为不使变压器Ⅰ过载，故令 $\beta_1 = 1$，则

$$\beta_{\mathrm{II}} = \frac{Z_{\mathrm{kI}}^*}{Z_{\mathrm{kII}}^*}\beta_{\mathrm{I}} = \frac{0.0675}{0.0825} = 0.818$$

此时，两台变压器的最大输出功率为

$$S_{\mathrm{m}} = \beta_{\mathrm{I}} S_{\mathrm{NI}} + \beta_{\mathrm{II}} S_{\mathrm{NII}} = 1 \times 1000 + 0.818 \times 1800 = 2472.4(\mathrm{kVA})$$

变压器的总利用率为

$$\frac{S_{\mathrm{m}}}{S_{\mathrm{NI}} + S_{\mathrm{NII}}} = \frac{2472.4}{1000 + 1800} = 88.3\%$$

通过［例 3-1］可以看出，两台变压器短路阻抗标幺值不等时并联运行，变压器的总容量没有得到全部利用。

思考与练习

1. 变压器并联运行需满足哪些条件？不满足条件有何后果？

2. 两台变比相同，联结组标号也相同，但容量不同的变压器并联运行，若短路阻抗标幺值不等，对容量大的变压器来说，希望它的短路阻抗标幺值大些还是小些？为什么？

3. 一台 Yy0 联结和一台 Yy4 联结的三相变压器，变比和短路阻抗标幺值相等，能否通过改变线端标志的方法，使之归化为同一联结组标号并联？Yy0 和 Yd11 呢？

拓展内容七　三相变压器空载电动势波形分析

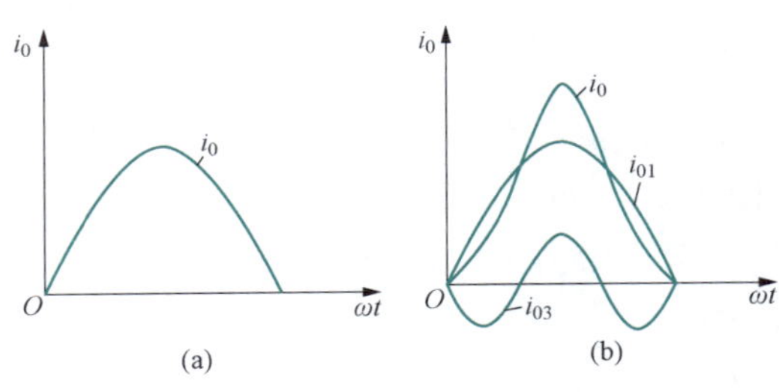

图 3-19　磁路饱和状态对励磁电流波形的影响
(a) 不饱和时的励磁电流为正弦波；
(b) 饱和时的励磁电流为尖顶波

分析单相变压器空载运行时，曾经指出，当外施电压 u_1 为正弦波时，与之相平衡的电动势以及感应该电动势的主磁通通也应是正弦波。由于变压器铁芯的饱和现象，磁通和励磁电流之间具有非线性关系，故空载电流必定为尖顶波，其中除基波外，还含有较强的 3 次谐波和较弱的更高次的奇次谐波，如图 3-19 所示。若空载电流为正弦波，磁通的波形为非正弦的平顶波，它将含有 3 次谐波和其他高次谐波，如图 3-20 所示。

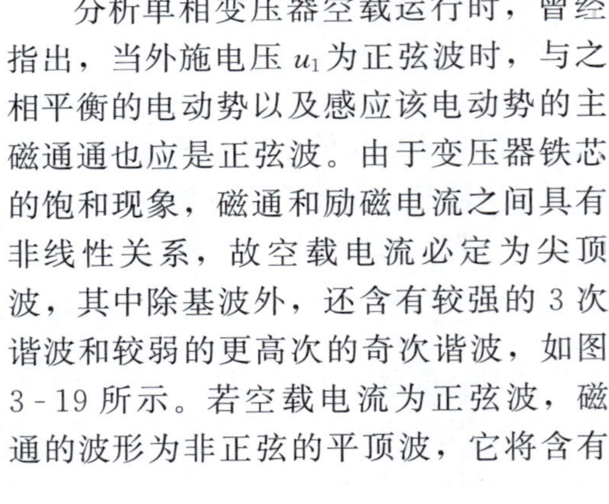

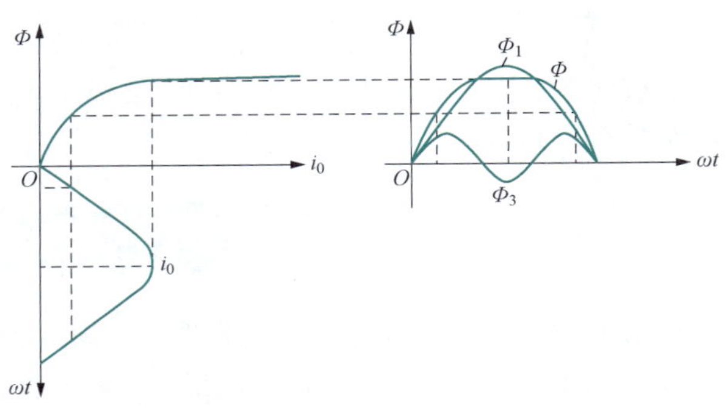

图 3-20　正弦空载电流产生的主磁通波形

在三相变压器中，各相基波彼此互差 120°，3 次谐波的频率为基波的 3 倍，3 次谐波大小相等、相位相同。同理可知，磁通中的 3 次谐波磁通也是大小相等、相位相同。变压器空载电流的波形与三相绕组的连接方式（星形或三角形）有关，而铁芯中磁通的波形又与磁路的结构型式（组式或芯式）有关。由于绕组的连接方式和铁芯结构上的特点，使空载电流和磁通的 3 次谐波受到限制，从而使绕组电动势波形受到影响。下面分析三相变压器的电动势波形与绕组连接方式和磁路结构型式的关系。

一、 Yy 连接的组式变压器的电动势波形

变压器的一次侧采用无中性线的星形接法，3 次谐波电流无法形成通路，空载电流中不可能有 3 次谐波，若忽略 5 次以上的高次谐波，空载电流近似于正弦波，因而主磁通为一平顶波（见图 3-21）。可见，平顶波的主磁通中除了基波磁通 Φ_1 外还包含有 3 次谐波磁通 Φ_3（忽略较弱的 5、7 次等高次谐波）。

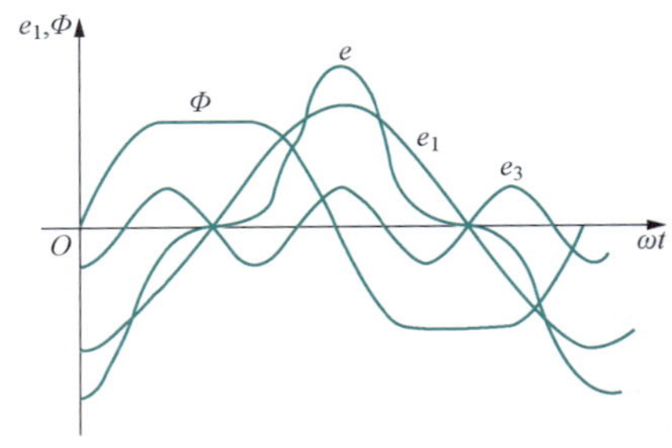

图 3-21　Yy 连接的组式变压器相电动势波形

在组式变压器中，由于各相磁路彼此独立，3 次谐波磁通和基波磁通沿铁芯闭合。铁芯的磁阻很小，3 次谐波磁通较大。又因 3 次谐波的频率为基波的 3 倍，所以由它所感应的 3 次谐波电动势很大，基波电动势 e_1 与 3 次谐波电动势叠加，得到空载时绕组的相电动势波形为尖顶波，如图 3-21 所示。3 次谐波电动势的幅值可达基波电动

势幅值的 45%～60%，甚至更大，结果使相电动势波形严重畸变，可能将绕组的绝缘击穿。因此，三相组式变压器不允许采用 Yy 连接。上述分析和结论也适用于 Yyn 连接的组式变压器。

二、 Yy 连接的芯式变压器的电动势波形

若一次侧空载电流是正弦波，主磁通除了基波磁通外还包含有 3 次谐波磁通。但在彼此关联的芯式变压器磁路中，3 次谐波磁通 Φ_3 不能沿铁芯闭合，只能借助变压器油和油箱壁等形成闭合回路，如图 3-22 所示。由于这时磁路的磁阻很大，使 3 次谐波磁通大为削弱，主磁通波形接近正弦，相电动势波形也接近正弦波。3 次谐波磁通会在油箱壁等构件中引起 3 倍频率的涡流损耗，致使局部发热，降低变压器的效率。所以容量大于 1800kVA 的芯式变压器，不宜采用 Yy 连接。

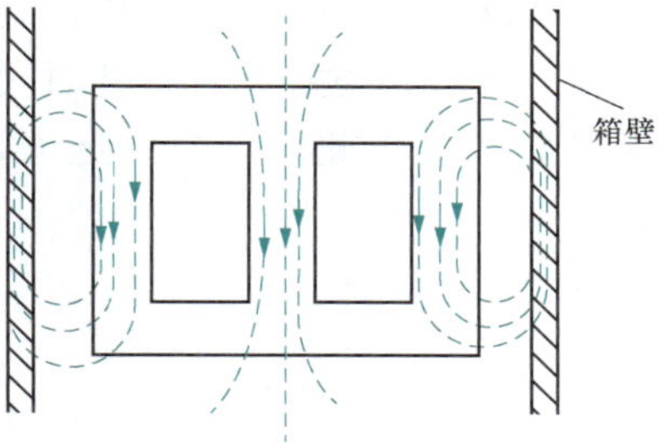

图 3-22　三相芯式变压器中 3 次谐波磁通的路径

三、 Dy 连接的变压器的电动势波形

当变压器一次绕组为三角形接法时，空载电流中的 3 次谐波分量可以在闭合的三角形回路中流通，所以空载电流为尖顶波，因而在铁芯中建立正弦波的主磁通，绕组中感应的相电动势波形也为正弦波。上述分析也适用于 YNy 连接的三相变压器。

四、 Yd 连接的变压器的电动势波形

当变压器一次绕组为星形接法，一次侧空载电流的 3 次谐波分量不能流通，波形为正弦波，铁芯中主磁通的 3 次谐波分量在二次绕组中感应出 3 次谐波电动势，并在二次侧三角形接法的绕组中产生 3 次谐波电流。从磁动势平衡式可知，由于一次侧没有 3 次谐波电流与二次侧 3 次谐波电流相平衡，因此二次侧 3 次谐波电流同样起着励磁作用。这样可以认为铁芯中的主磁通，是由一次侧正弦波的空载电流与二次侧 3 次谐波电流共同建立的，其效果与三角形连接时一样，主磁通及其在绕组中感应的相电动势波形基本上是正弦波。

综上所述，三相变压器的相电动势波形与绕组接法及磁路系统有密切关系，只要一、二次绕组中有一个接成三角形，就能保证主磁通和相电动势波形接近于正弦波。在大容量变压器中，有时专门装设有一个三角形接法的第三绕组，该绕组不接电源也不接负载，只提供 3 次谐波电流的通路，以防相电动势波形发生畸变。

拓展内容八　变压器的瞬态过程

变压器从一种稳定运行状态过渡到另一种稳定运行状态的过程称为瞬态过程，如变压器的空载投入、二次侧突然短路等。在瞬态过程中，由于变压器内部电场和磁场的能量发生突然变化，可能使变压器绕组中的电流或电压超过额定值许多倍，产生过电流或过电压现象。虽然瞬态过程的时间很短，但会给变压器带来很大的危险，可能致使变压器遭到破坏。因此，研究变压器的瞬态过程，找出其变化规律和防范方法是十分必要的。

一、变压器的空载投入

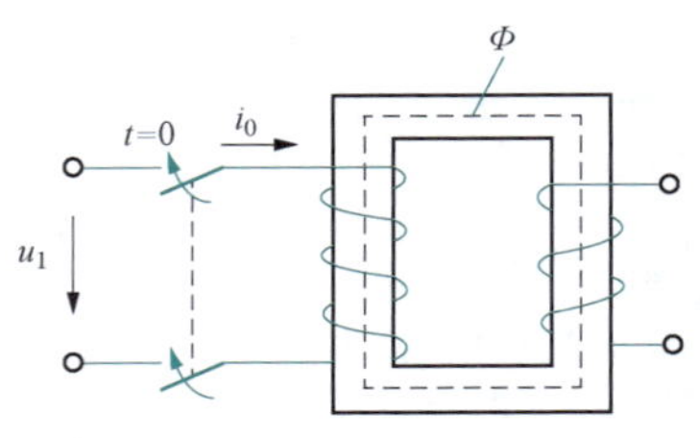

图 3-23　变压器的空载合闸

变压器二次侧开路，将一次侧经开关接入电源的操作称为空载投入（也称空载合闸），如图 3-23 所示。变压器空载稳态运行时，空载电流仅占额定电流的 1%～10%。但在空载投入的瞬间，可能产生比正常空载电流大几十倍的冲击电流，经过一个短暂的过渡过程才能恢复到正常的空载电流值，这个冲击电流称为励磁涌流。

空载投入时的励磁涌流现象，是与铁芯中磁场的建立过程密切联系在一起的。假设铁芯中无剩磁，即初始条件为 $t=0$ 时，$\Phi=0$，经理论分析，空载合闸瞬间磁通是一个变化的量，其表达式为

$$\Phi=-\Phi_m\cos(\omega t+\alpha)+\Phi_m\cos\alpha \tag{3-11}$$

可见，空载投入的瞬态过程中的磁通 Φ 可分为两个分量，一个是稳态分量 $\Phi'=-\Phi_m\cos(\omega t+\alpha)$，另一个是瞬态分量 $\Phi''=\Phi_m\cos\alpha$。磁通 Φ 的变化情况与空载投入瞬间的电源电压初相角 α 有关，下面分析两种特殊情况。

（1）$\alpha=90°$ 时空载投入的情况。此时有

$$\Phi=\Phi_m\sin\omega t \tag{3-12}$$

此时磁通 Φ 的瞬态分量为零，这表明变压器投入电源后直接进入稳态运行，没有瞬态过程，不会出现励磁涌流，如图 3-24 所示。

（2）$\alpha=0°$ 时空载投入的情况。此时有

$$\Phi=-\Phi_m\cos\omega t+\Phi_m \tag{3-13}$$

此时对应的磁通变化曲线如图 3-25 所示。在空载投入后的半个周期（$\omega t=\pi$）时磁通达到最大值。

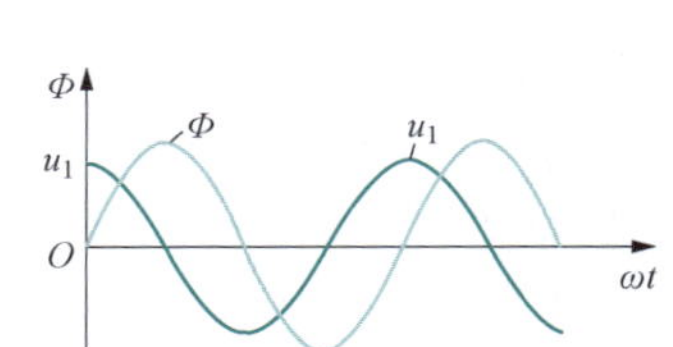

图 3-24　$\alpha=90°$ 合闸时的磁通波形

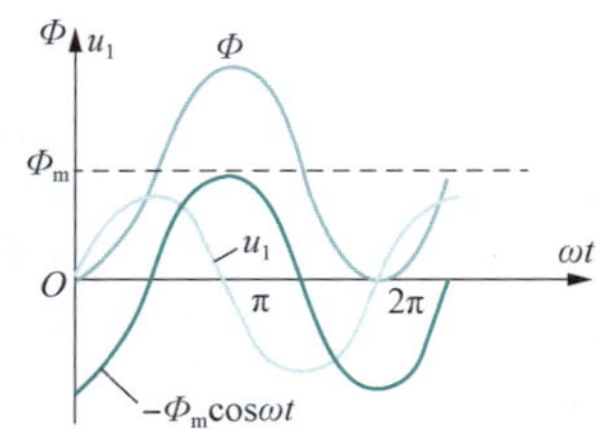

图 3-25　$\alpha=0°$ 合闸时的磁通波形

由以上分析可知，变压器在 $\alpha=0°$时空载投入的瞬态过程中，磁通可达到稳态分量幅值的2倍，考虑到铁芯此时已深度饱和，按铁芯的磁化曲线，对应 $2\Phi_m$ 的励磁电流 i_{0m} 可达正常空载电流的几十倍，一般为额定电流的5～8倍，如图3-26所示。这个电流就是励磁涌流。

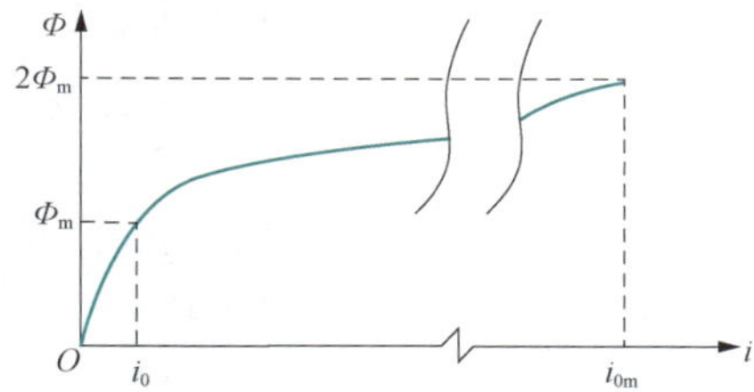

图3-26　变压器铁芯的磁化曲线

由于变压器一次绕组具有电阻，因此励磁涌流会逐渐衰减到正常值。一般小型变压器只需几个周期就可以达到正常空载电流值，大型变压器的励磁涌流衰减较慢，但一般不超过20s。

励磁涌流维持的时间很短，对变压器本身不会造成什么危害，但可能引起一次侧的保护装置发生误动作。因此，新型继电保护装置都有避开励磁涌流影响的措施。

上述以单相变压器为例分析的结论，也适用于三相变压器。但需要指出，由于三相变压器的电源电压相位彼此相差120°，空载投入时三相电压的初相角不同，因此三相的励磁涌流也不相同，总有一相的初相角接近于零，该相的励磁涌流会很大。

二、变压器的突然短路

变压器一次侧接电源，二次侧发生三相突然短路时出现的瞬态过程，称为变压器的突然短路，如图3-27所示。变压器突然短路是一种严重故障，在瞬态过程中会产生很大的短路电流，可能使变压器遭受破坏。

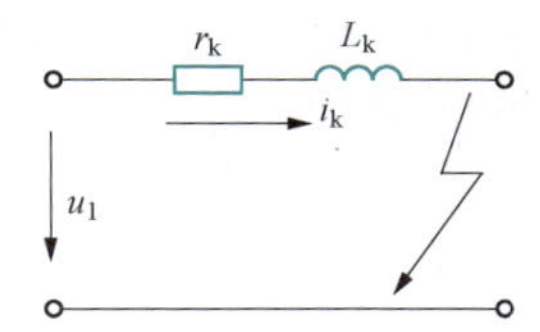

图3-27　变压器突然短路

1. 突然短路时的电流

考虑到 $\varphi_k\approx 90°$，则突然短路电流的一般表达式为

$$i_k=i'_k+i''_k=-\sqrt{2}I_k\cos(\omega t+\alpha)+\sqrt{2}I_k\cos\alpha e^{-\frac{t}{T_k}} \tag{3-14}$$

突然短路电流的大小与发生突然短路瞬间电源电压的初相角 α 有关。下面分析两种特殊情况。

（1）$\alpha=90°$时突然短路的情况。

此时瞬态分量 i''_k 为零，只有稳态分量 i'_k，即

$$i_k=i'_k=\sqrt{2}I_k\sin\omega t \tag{3-15}$$

这表明此时变压器发生突然短路无瞬态过程，直接进入稳态短路状态，短路电流最小。

（2）$\alpha=0°$时突然短路的情况。

此时的短路电流为

$$i_k=i'_k+i''_k=-\sqrt{2}I_k\cos\omega t+\sqrt{2}I_k\cos\alpha e^{-\frac{t}{T_k}} \tag{3-16}$$

此时对应的电流变化曲线如图3-28所示。

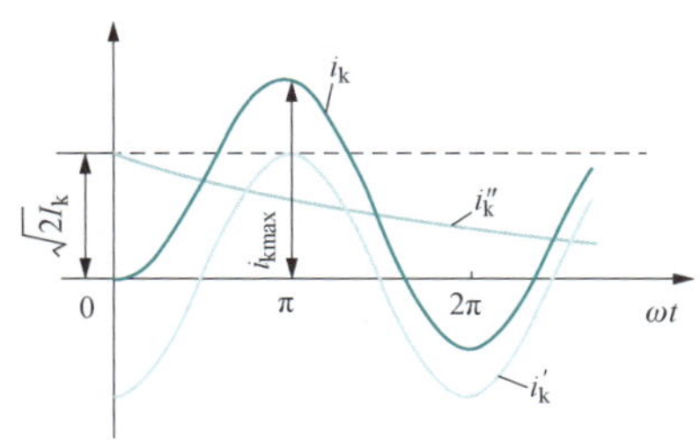

图3-28　$\alpha=0°$时突然短路电流波形

由图3-28可见，在 $\alpha=0°$时发生突然短路，过半个周期（$\omega t=\pi$）突然短路电流达到最大值 i_{kmax}。

$$i_{kmax}=\sqrt{2}I_k+\sqrt{2}I_k e^{-\frac{1}{T_k}\frac{\pi}{\omega}}=(1+e^{-\frac{1}{T_k}\frac{\pi}{\omega}})\sqrt{2}I_k=K_y\sqrt{2}I_k \tag{3-17}$$

式中　K_y——突然短路电流最大值与稳态短路电流最大值之比，$K_y=1+e^{-\frac{1}{T_k}\frac{\pi}{\omega}}$。

K_y 的大小与 $T_k=L_k/r_k$ 有关，变压器的容量越大，T_k 越大，K_y 也越大。一般中小型变压器的 $K_y=1.2\sim1.4$；大型变压器的 $K_y=1.5\sim1.8$。

将式（3-17）用标幺值表示，则

$$i_{kmax}^{*}=\frac{i_{kmax}}{\sqrt{2}I_{1N}}=K_y\frac{I_k}{I_{1N}}=K_y\frac{U_{1N}/Z_k}{I_{1N}}=K_y\frac{1}{Z_k^{*}}\tag{3-18}$$

式（3-18）表明，i_{kmax}^{*} 与 Z_k^{*} 成反比，即短路阻抗越小，突然短路电流就越大。若取 $Z_k^{*}=0.06$，$K_y=1.5\sim1.8$，则突然短路电流最大值将达到额定电流幅值的 25～30 倍。由此可见，突然短路电流是很大的，可能损坏变压器，因此要对变压器采取可靠的短路保护措施。

对于三相变压器来说，突然短路时的三相电源电压初相角 α 不同，总会有某一相的初相角 α 接近于零，则这一相的短路电流会很大。

2. 突然短路电流的危害

突然短路电流的危害主要有两方面，一是绕组受到强大的电磁力冲击作用；二是绕组过热。

由于变压器都装有可靠的继电保护装置，一般在绕组温度上升到危险值之前，已将变压器的电源断开，所以不会因过热而烧坏变压器的绕组。

由于电磁力与电流二次方成正比，变压器突然短路时，绕组受到的电磁力将是正常运行时的几百倍。一般情况下，低压绕组受径向压力作用，高压绕组受径向拉力作用。高、低压绕组的端部均受轴向压力作用。为了防止突然短路电流造成的巨大电磁力对绕组的危害，在设计、制造变压器绕组时，必须采取增强绕组自身机械强度的措施。

附录A 综 合 试 题

1. 一台变压器上有 4 个绕组，每个绕组的匝数相同，绕组的额定电压为 110V，如果在第一个绕组上加额定交流电压，如图 A-1 所示，则通过适当连接，从变压器上可以得到的最高电压为多少？

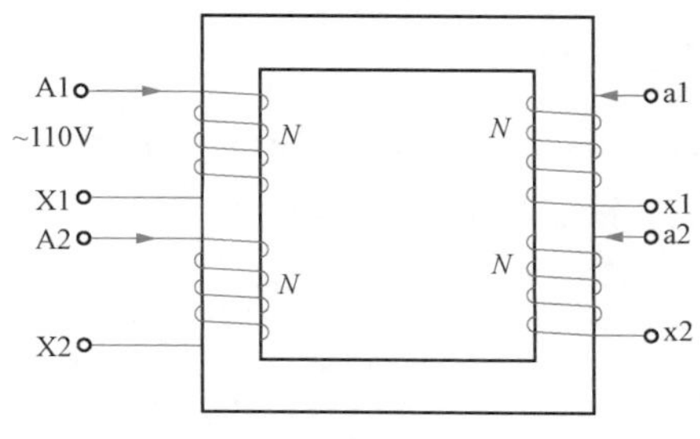

图 A-1 变压器绕组示例

2. 某变压器额定频率 50Hz，额定负载功率因数 0.8（滞后），$x_k=10r_k$，电压调整率为 10%，现接 60Hz 电源，电流与电压保持额定值，负载功率因数为 0.8（滞后），则此时的电压调整率为多少？

3. 为什么小负荷用户使用大容量变压器对电网和用户均不利?

4. 变压器在重新绕制时，一次绕组匝数较原设计时少，试分析对变压器铁芯饱和程度、励磁电流、励磁电抗、铁芯损耗有何影响。

5. 如将铭牌数据为60Hz的变压器接到50Hz的电网上运行，试分析对主磁通、励磁电流、铁耗、漏抗及电压变化率有何影响。

6. 变压器的额定电压为220/110V，若将低压侧误接到220V电源上，试问励磁电流会发生什么变化?变压器将会出现什么现象?

7. 有 3 台单相变压器，一、二次侧额定电压均为 220/380V，现将它们连接成 Yd11 三相变压器组（单相变压器的低压绕组连接成星形，高压绕组接成三角形），若对一次侧分别外施 380V 和 220V 的三相电压，试问此时的空载电流 I_0、励磁电抗 x_m 和漏抗 $x_{1\sigma}$ 与单相变压器比较有什么不同？

8. 单相变压器的额定容量为 6000kVA，额定频率为 50Hz，额定电压为 35/6.6kV，铁芯截面积 $S=800\text{cm}^2$，若铁芯最大磁通密度为 1.4T，求高、低压绕组的匝数。

9. 一台 220/110V 的单相变压器，变比 $k=2$，能否一次绕组用 2 匝，二次绕组用 1 匝，为什么？

10. 变压器空载试验一般在哪侧进行？将电源加在低压侧或高压侧所测得的空载电流、空载功率及所计算出的空载电流百分值、励磁阻抗是否相等？相互之间分别是怎样的数量关系？

11. 2 台 Yd11 三相变压器，数据如下：变压器Ⅰ，3200kVA，35/6.3kV，$U_k^* = 0.069$；变压器Ⅱ，5600kVA，35/6.3kV，$U_k^* = 0.075$。

试求：

（1）当两台变压器并联运行，输出总负载为 8000kVA 时，每台变压器所分担的负载为多少；

（2）当两台变压器并联运行，且不允许任何一台变压器过载时，输出的最大视在功率为多少。

12. 单相变压器容量为 2kVA，400/100V，将高压绕组短路，低压绕组加 20V 电压，其输入电流为 20A，输入功率为 40W。如将低压绕组短路，高压绕组加电压，求输入电流 4A 时的外加电压和输入功率。

13. 一台 I_{i0} 单相变压器，额定电压 220/110V，当高压侧加 220V 时空载电流为 I_0，主磁通为 Φ_m，如图 A-2 所示。不计磁路饱和问题，试求：

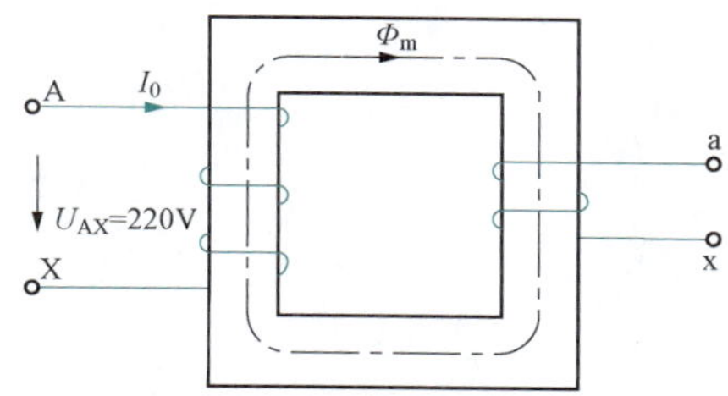

图 A-2　变压器空载连接

(1) 若 X、a 连在一起，在 A、x 端加 330V 电压，此时的空载电流和主磁通；

(2) 若 X、x 连在一起，在 A、a 端加 330V 电压，此时的空载电流和主磁通。

14. 图 A-3 虚线所示变压器应是哪种联结组别？

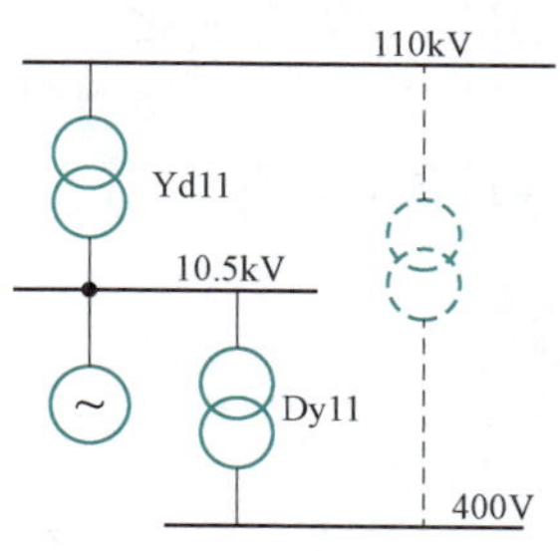

图 A-3　变压器主接线

15. 变压器铁芯多点接地会发生哪些现象？应如何处理？

16. 变压器分接开关烧损的主要因素有哪些？应如何处理？

17. 一台双绕组单相变压器，$S_N=3kVA$，$U_{1N}/U_{2N}=230/115V$，若改接为自耦变压器使用，接成$U_{1N}/U_{2N}=345/115V$降压自耦变压器时，画出原理接线图，标出实际电流的方向，求出改接后一次侧电流I_{1N}、公共绕组电流I_N、二次侧电流I_{2N}、自耦变压器额定容量、电磁容量和传导容量各为多少。

18. 有一台单相变压器，额定容量$S_N=100kVA$，一、二次绕组的电压为$U_{1N}/U_{2N}=6000/230V$，$f_N=50Hz$。一、二次绕组的电阻及漏抗为$r_1=4.32\Omega$，$r_2=0.0063\Omega$，$x_{1\sigma}=8.9\Omega$，$x_{2\sigma}=0.013\Omega$。试求：

（1）折算到高压的短路电阻r_k，短路电抗x_k及阻抗Z_k；

（2）求用标幺值表示的各短路参数；

（3）求满载及$\cos\varphi_2=1$，$\cos\varphi_2=0.8$（滞后），$\cos\varphi_2=0.8$（超前）3种情况下的电

压变化率 Δu 并且讨论计算结果。

19. 单相变压器额定容量为 10kVA，额定电压为 6/0.4kV，空载电流为额定电流的 10%，空载损耗为 120W，额定频率为 50Hz。

（1）当额定电压不变且频率为 60Hz 时，空载电流（不计磁饱和）为多少？

（2）当铁芯截面积加倍时，空载电流如何变化？

（3）当高压侧绕组匝数增加 10%时，空载电流如何变化？

（4）当电源电压增大 5%时，空载电流和铁耗如何变化？

20. 一台单相变压器，额定容量为 1000kVA，额定电压为 66/6.3kV，试验数据见表 A-1。求：

（1）该变压器的近似等效电路参数；

（2）一次侧电压为额定值时的励磁电流和额定运行时的二次侧电流；

（3）当一次侧电压、二次侧电流为额定值，负载功率因数为 0.8（滞后）时的一次侧电流及电压调整率。

表 A-1　　**试验数据**

试验类型	电压（V）	电流（A）	功率（W）	备注
短路试验	3240	15.15	14 000	高压侧测量
空载试验	6300	19.1	5000	低压侧测量

21. 有一台 380/220V、Yd 接线的三相组式变压器，现将绕组各端头打开成 6 个独立的线圈，在 B 相高压线圈 BY 加 100V 交流电压，问其他 5 个线圈的电压是多少？如果该变压器为芯式变压器，其他 5 个线圈的电压又是多少？

22. 根据图 A-4，判定变压器的联结组标号。

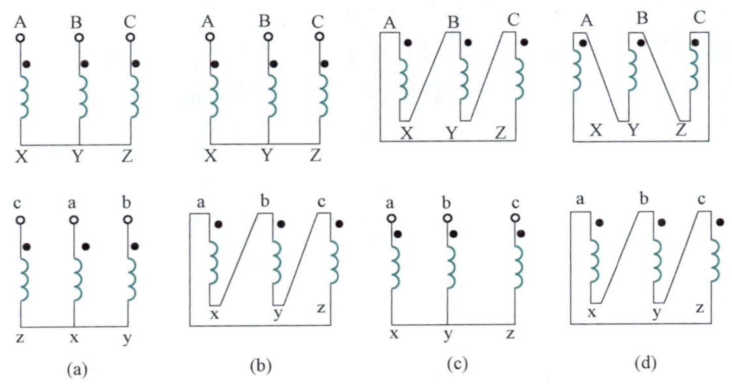

图 A-4　变压器联结组

23. 一台单相变压器，一次加额定电压，空载时两侧电压比为 14.5∶1，额定负载时两侧电压比为 15∶1，求该台变压器额定负载时的电压变化率。

24. 一台单相变压器，其一次侧电压 $U_1=220\text{V}$，$f=50\text{Hz}$，一次绕组数 $N_1=200$，铁芯有效截面积 $S=35\times10^{-4}\text{m}^2$，不计漏磁。求：

（1）主磁通的幅值和磁通密度；

（2）二次侧要得到 100V 和 36V 两种电压时，二次绕组的匝数；

（3）如果一次绕组有±5%匝数的分接头，二次绕组的电压。

25. 一台单相变压器容量为 10kVA，一、二次侧各有两个绕组，其中一次侧每个绕组的额定电压为 1100V，二次侧每个绕组的额定电压为 110V。将一次侧两个绕组串联或并联在一起，同时将二次侧两个绕组也串联或并联在一起，试求各种接线方式下的变比及一、二次侧的额定电流各为多少。

26. 一台单相双绕组变压器，变比 $k=10$。

（1）将实际值 $R_L=3\Omega$ 的电阻接在低压侧，从高压侧看进去的电阻为多少？

（2）若将 3Ω 的电阻接在高压侧，则从低压侧看进去的电阻为多少？

27. 一台单相变压器，参数为 50kVA、7200/480V、60Hz。其空载和短路试验数据如表 A-2 所示，试求：

（1）短路参数及其标幺值；

（2）空载和满载时的铜损耗和铁损耗；

（3）额定负载电流、功率因数 $\cos\varphi_2=0.9$（滞后）时的电压变化率、二次电压及效率。(注：电压变化率按近似公式计算）。

表 A-2　　　　试　验　数　据

试验类型	电压（V）	电流（A）	功率（W）	所加电源侧
空载试验	480	5.2	245	低压侧
短路试验	157	7	615	高压侧

28. 三相变压器的额定容量为 $S_N=1800\text{kVA}$，$U_{1N}/U_{2N}=6300/3150\text{V}$，Yd11 联结，空载损耗 $p_0=6.6\text{kW}$，短路损耗 $p_k=21.2\text{kW}$。求：

（1）输出电流 $I_2=I_{2N}$，$\cos\varphi_2=0.8$ 时的效率；

（2）效率最大时的负载系数 β_m。

29. 一台额定电压为 220/110V、额定频率为 50Hz 变压器，如果将一次侧接到 220V 直流电源上，会发生什么现象？如果接入 220V、25Hz 电源会怎样？如果将一次侧接入 440V、50Hz 电源上又会怎样？

30. 一台 220/110V 的单相变压器，当高压侧加 220V 电压时，空载电流呈何波形？加 110V 时又呈何波形？

31. 一台单相变压器，$S_N=5000\text{kVA}$，$U_{1N}=35\text{kV}$，$U_{2N}=6.3\text{kV}$，$f=50\text{Hz}$，铁芯有效截面积 $S_{Fe}=1120\text{cm}^2$，铁芯磁密 $B_m=1.3\text{T}$。试求：变比、高低压绕组匝数及高低压侧的额定电流。

32. 一台单相电力变压器，$U_{1N}/U_{2N}=10/0.23\text{kV}$，$I_{1N}=20\text{A}$，带上额定负载后二次侧电压为 0.22kV。

（1）求变压器匝数比 K、额定容量 S_N 和二次侧额定电流 I_{2N}；

（2）求带上额定负载后的电压变化率。

33. 一台额定容量为 30kVA，变比为 2000/200 的单相变压器，满载时的铜损耗为 400W，铁损耗为 150W。功率因数为 1 时，试计算

（1）变压器满载和半载时的效率；

（2）变压器的最高效率。

附录B　常用电机设备术语中英文对照

1. 结构部件与材料类
(1) 钢：steel
(2) 铜：copper
(3) 铁：iron
(4) 转子：rotor
(5) 轴：shaft
(6) 铁芯：core
(7) 绕组：winding
(8) 爪极：pole
(9) 滑环：slip ring
(10) 定子：stator
(11) 绝缘纸：insulation
(12) 槽楔：slot wedge
(13) 绝缘材料：insulation
(14) 电刷：carbon brush
(15) 端盖：frame
(16) 轴承：bearing
(17) 外风扇叶：ext. fan
(18) 皮带轮：pulley
(19) 油封：oil seal
(20) 原材料：raw material
(21) 磁场：Magnetic field
(22) 机座：Housing
(23) 机械负载：Mechanical load
2. 设备名称类
(24) 交流电动机：AC motor
(25) 笼型电动机：squirrel cage motor
(26) 感应电动机：Induction motor
(27) 异步电动机：asynchronous motor
(28) 变压器：transformer
(29) 扼流圈：choke coil
(30) 滤波线圈：line filter
(31) 逆变器：inverter
(32) 适配器：adapter
3. 电磁量参数类
(33) 电流：current
(34) 电压：voltage
(35) 功率：power
(36) 转矩：torque
(37) 额定电压：U_N
(38) 千伏：kV
(39) 额定电流：I_N
(40) 额定功率：P_N
(41) 兆瓦：MW
(42) 额定转速：n_N
(43) 转/分：r/min
(44) 额定容量：S_N
(45) 初始磁导率：initial permeability
(46) 波形：wave
(47) 绝缘（体）：insulation
(48) 功率损耗：power loss
(49) 密度：density
(50) 顽磁、剩磁：remanence
(51) 电感：inductance
(52) 电阻：resistance
(53) 绝缘：insulation
(54) 漏电感：leakage inductance
(55) 空载：unload
(56) 负载：load
(57) 符号、标记：code
(58) 圈数：turn
(59) 气隙：gap
(60) 初级：primary
(61) 次级：secondary
(62) 频率：frequency
(63) 输出功率：output power
(64) 磁通密度：flux density
(65) 型号：type
(66) 尺寸：size
(67) 绕组：winding

（68）双线并绕：bifilar 三线并绕 trifilar

（69）线路图：schematic or circuit diagram

（70）电气特性：electronical character

（71）耐压：withstand voltage

（72）谐波：harmonic

（73）饱和，磁化饱和：saturation

附录C 停电工作票

1. 工作负责人（监护人）：____________________班组：____________
2. 工作班人员：共________人
3. 工作内容和工作地点：
4. 计划工作时间：自______________至__________________
5. 安全措施：

下列由工作票签发人填写　　　　　　　　下列由工作许可人（操作人）填写

断开各个电井各负荷开关	确认已断开各个电井负荷开关
断开电容补偿开关	确认已断开电容补偿开关
断开各个分柜各分路负荷开关，并退出	确认已断开各个分柜各分路负荷开关，并退出
断开低压负荷总开关，并摇出	确认断开低压负荷总开关，并摇出
断开高压断路器，并摇出	确认断开高压断路器，并摇出
确认验电器正常并在变压器高压侧三相验电	确认验电器正常并在变压器高压侧三相验电
挂接地线，合高压柜接地开关	确认已挂接地线，已合高压柜接地开关
设遮栏，挂有人工作标示牌	确认已设遮栏，挂有人工作标示牌

工作票签发人签名：____________　　工作许可人（操作人）签名：____________

工作票审查人签名：____________　　工作票批准人签名：________________

收到工作票时间：______年______月____日____时______分

6. 许可开始工作时间：______年______月____日____时______分

工作许可人（操作人）签名：______________　　工作负责人签名：____________

7. 工作负责人变动：

原工作负责人____________离去，变更为工作负责人______________

变动时间：______年______月____日____时______分

8. 工作票延期

有效期延长到：______年______月____日____时______分

9. 工作终结

工作班人员已全部撤离，现场已清理完毕。

全部工作于______年______月____日____时______分结束。

工作负责人签名：________________　　工作许可人（操作人）签名：__________

接地线共______组已拆除。

工作许可人（操作人）签名：________________

10. 备注：

附录D　变压器检修作业指导卡

变压器大修“三措一案”的制订

一、组织措施

1. 设立组织机构

组长：

副组长：

成员：

组长职责：班组安全第一责任人，对本班组人员在变压器吊芯检修过程中的安全和健康负责；负责主变压器大修全面工作，组织实行标准化作业，对变压器大修生产现场安全措施的合理性、可靠性、完整性负责；督促工作负责人做好变压器大修任务的技术交底和安全措施交底工作，并做好异常情况的处置预案。

2. 现场组织及人员分工

现场总负责人：

安全监护负责人：

芯体检查负责人：

套管及套管电流互感器负责人：

散热器负责人：

油枕负责人：

材料、资料及工器具管理负责人：

消防器材负责人：

吊车指挥：

3. 工作票

使用变电站第一种工作票。

二、技术措施

（1）组装前应检查所有附件是否齐全和完整，核对好数量。

（2）所附属的（滤油机等）油管必须进行彻底清理，管内不得有杂物等。

（3）安装组件时，应按制造厂的安装使用说明书规定进行。

（4）所有零部件，在安装前必须认真检查、清洗，确保清洁。

1）凡是要与变压器油接触的表面或瓷绝缘表面，均应采用不掉纤维的白布擦拭。

2）套管的铜导管，储油柜的进、出油管和排气管等，其内表面均要与变压器油接触。但这些内表面既看不见，又摸不着，因此，都必须用铁丝白布来回拉擦，直到白布上不见脏色。即使从管子上看起来是干净的，也应作为一种检查方式，来回拉擦一遍，以确定是否真正干净。

3）对于不好擦拭的部位或不平滑的表面，可用面粉团粘附杂质，同理，直到白色粉团上不见脏色，才算干净。

4）对于浸油的物体，例如油箱底表面，可用海绵擦拭。

（5）变压器安装的法兰连接，必须处理好每一个密封，以保证不渗漏。

1）所有大小法兰（包括油箱箱沿）的密封面或密封槽，在安放密封垫前，均应清除锈迹和其他玷污物，使密封面保持光滑平整。然后用布沾苯或无水乙醇，将密封面擦洗干净。

2）坚持使用合格的密封垫圈。凡存在变形、失效、不耐油等缺陷的密封垫圈，一律不能使用。

3）密封垫圈的尺寸必须与密封槽和密封面的尺寸相配合。如密封垫圈的尺寸过大获过小，都不能凑合使用，而应另配合适的密封垫圈，或修理密封槽。密封垫圈的合适压缩量为其厚度的25%左右。压缩太小，密封面接触不紧，不能保证密封；压缩太多，超过橡胶的弹性极限，使胶垫的弹性丧失，同样不能保证密封。

4）对于无密封的法兰，或直立位置的密封槽，其密封胶垫应使用密封胶粘在有效的密封面上或密封槽内，以防止在固定法兰时密封垫脱离应在位置。

5）在拧紧法兰螺栓的过程中，要随时观察密封胶垫的位置。发现密封胶垫未处于有效密封面上，应松开螺栓将其扶正，然后再将法兰上紧。

6）对于有密封槽的法兰，发现密封胶垫挤到密封槽处压伤，必须重新安装。

7）紧固法兰时，应取对角线方向，交替、逐步拧紧各个螺栓，最后统一紧一遍，以保证紧度同样合适。

8）紧固法兰的螺栓，露出螺母的螺纹，一般为2～3扣，不宜太多，也不应太少。

（6）在安装高压套管时，应注意勿使引线扭转，不要过分用力拉吊引线，以免使引线根部和线圈受损。注意防止将军帽密封引线和线圈受潮。

（7）真空注油：

1）全部附件安装完后，在装气体继电器的油箱侧法兰上加封板，打开各附件通本体的阀门，除储油柜和气体继电器外所有的附件连同本体抽真空。如储油柜是全真空设计，也一并抽真空。在箱顶进油阀处加一真空阀和真空表后，再连接真空管道，关闭真空阀，对真空系统（包括真空泵、管道、阀门和真空仪表）抽真空，整个系统的真空度应小于10Pa。启动真空泵，开始抽真空，在1h内均匀地提高其真空度，使真空度逐渐达到80kPa维持1h。如无异常则将真空度逐渐的加至101.2kPa，维持2h。在抽真空过程中应随时检查有无渗漏。当真空度达到小于133.3Pa后，真空泵应继续运行。以均匀的速度抽真空，达到指定真空度（按产品使用说明书和技术要求）并按规定时间保持后，对于220kV和500kV变压器，真空保持时间即真空泵持续运行时间应不小于24h。开始向变压器油箱内注油，注油温度宜略高于器身温度。

2）以3～5t/h的速度将油注入变压器，尽量注满，并继续抽真空保持4h以上。

3）变压器补油：变压器经真空注油后补油时，需经储油柜注油管注入，严禁从下部油门注入，注油时应使油流缓慢注入变压器至规定的油面为止。

（8）真空注油结束后，变压器需静放24h，此期间要多次放气，并检查有无渗漏现象。若有渗漏及时处理，如油面下降时，应从储油柜下部加油管加油至要求高度。

三、安全措施

（1）开始工作前，告知工作人员停电范围及带电部位、危险点和安全注意事项，工作人员了解工作任务并明确分工，检查确认现场安全措施与工作票所列安全措施一致。

（2）认真遵守劳动纪律，贯彻反习惯性违章措施。现场工作必须戴好安全帽，穿好绝缘鞋、工作服，高空作业必须系好安全带，合理使用各种劳动保护用品。

（3）对于外来施工人员按规定进行教育，内容包括作业范围、安全措施、安全注意事项等，并进行现场安全教育和安全、技术措施交底，全过程监护。

（4）工作时注意与带电设备保持安全距离，工作人员工作中正常活动范围与带电设备的安全距离：10kV，0.7m；35kV，1.0m；110kV，1.5m。

（5）安排好储油容器、大型机具的放置地点。

（6）准备充足的施工电源及照明，检修电源必须是三相四线，由检修电源箱接取，且在工作现场电源引入处配置有明显断开点的断路器和漏电保护装置。真空滤油机电源应由站内所变压器接取。

（7）在现场进行变压器的组装更换工作，应做好防雨、防潮、防尘和防火措施。

（8）进行电气试验时，与试验无关人员撤离试验区域。

（9）拆装套管搭头时，工作人员须系保险带工作。

（10）吊罩必须使用大罩的专用吊点，吊罩期间，在变压器大罩四个方面用 3 分白棕绳定位，四面设专人监视，注意观察钟罩与器身附件的间隙，严防大罩偏位而碰撞器身。

（11）使用吊车时必须保证良好接地，设专人指挥使用统一标准信号，监护吊臂回转方向，防止误碰带电设备，起重臂下或吊物下严禁站人，不得超负荷使用。作业机械与带电体的最小安全距离：10kV，3.0m；35kV，4.0m；110kV，5.0m。

（12）因工作需要，需动用电焊进行工作时，应使用动火工作票，并做好防火措施，准备必要的消防器材，并要求工作区域附近不得存放有易燃物。

（13）高压引线接头在安装前要进行打磨，防止因接触不实而引起接头发热现象。

（14）使用梯子时，应用绳子扎牢或设专人扶持。梯子不能搭靠在绝缘支架、变压器围屏及线圈上，防止碰坏线圈和引线。工作人员上下变压器应走专用扶梯。

（15）传递工具严禁抛接。衣服口袋内不应有东西。在变压器上工作必须系安全带，使用工具应固定好，以防掉下损坏设备。

（16）设立现场工器具管理专职人员，清点管理工作中使用的工器具，材料等。工作结束后，一定要核对无误后方可结束工作，并做好记录。对各种起重用具要严格检查，尤其对钢丝扣不得有断股、烧伤及锈蚀现象，在使用中要有足够的安全系数。

（17）工作结束后清理工作现场，将工器具全部收拢并清点，废弃物按相关规定处理，材料及备品备件回收清点，关闭检修电源。做好回检工作，无误后方可撤离现场。

四、实施方案

1. 开工准备

（1）现场勘察组装更换作业需要停电的范围、保留的带电部位和作业现场的条件、环境及其他危险点等，对危险性、复杂性和困难程度较大的作业项目，编制组织措施、技术措施、安全措施，经本单位主管生产领导批准后执行。

（2）准备好施工所需仪器仪表、工器具、相关材料、相关图纸及相关技术资料。

2. 危险点分析

（1）戴好安全帽，系好帽带；攀登主变压器套管时，应先系好安全带，再行攀登，为防止意外，下来后再解开安全带。

（2）在站内使用吊车时，必须接好地线，向吊车操作人员交代清楚安全注意事项，并设有经验的专人指挥，起重臂下严禁站人。吊臂回转时相邻设备带电，距离过近，会引起放电。

（3）高处作业使用电气焊时，要配备灭火器材，并要做好防止烧坏安全带的措施，工作区域附近不得存有易燃物。

（4）检修电源设备损坏或接线不规范，有可能导致低压触电。使用临时电源时，必须装有漏电保护器。

（5）引线拆、装时，用传递绳或绝缘杆固定和传递。

3. 工器具（举例）

序号	名称	规格	单　位	数　量	备注
1	工具箱		个	1	
2	吊车	12t	辆	1	
3	吊罩专用钢丝	ϕ22mm	副	1	
4	钢丝绳	吊 220kV、110kV 套管专用	副	2	
5	专用钢丝	ϕ9、ϕ11、ϕ13	副	若干	
6	真空泵	VG2000	台	1	
7	电动扳手	大、小	把	2	各 1
8	开口桶	自制	只	1	
9	油罐	20t、10t、1.5t	只	3	
10	真空滤油机	VH120R	台	1	
11	苫布	大、中、小	块	1	
12	电源箱	AC 220V	个	1	
13	电焊机	BX-100	台	1	附面罩、手套、焊条等
14	吊芯工具箱		个	1	

4. 进度安排

（　　）月（　　）日，吊芯检查。

（　　）月（　　）日，变压器整体组装。

（　　）月（　　）日，变压器静置。

（　　）月（　　）日，试验班进行主变压器常规试验。

（　　）月（　　）日，主变压器局部放电。

（　　）月（　　）日，进行主变压器送电。

5. 竣工

（1）清理工作现场，将工器具全部收拢并清点，废弃物按相关规定处理，材料及备品备件回收清点。

（2）按相关规定，关闭检修电源。

（3）做好检修记录。

（4）会同验收人员验收，对各项检修、试验项目进行验收。

（5）会同验收人员对现场安全措施及检修设备的状态进行检查，要求恢复至工作许可时状态。

（6）经全部验收合格，做好检修记录后，办理工作票结束手续。

工作负责人签字：

安全员审核：

车间审核：

日期：

变压器解体作业指导卡

作业名称		作业班组	
作业开始时间		作业结束时间	
作业执行人		作业监护人	

变压器解体步骤

序号	工作内容	标准及要求	执行情况
1	办理工作票		
2	断开气体继电器等附件的二次接线，并用胶布把线头包扎好，做好标记；拆除所有的二次端子箱体；拆除变压器的绝缘套管连接引线；拆掉变压器接地线	气体继电器、磁力式油位计、温度计、升高座、压力释放阀等二次接线与油泵、冷却风扇电机的动力线应分别拆开	
3	将油罐、滤油设备均安排就绪，排油前打开储油柜顶部的放气塞。放出变压器油、清洗油箱	放油前对渗漏油点做好标记；放油时应预先检查好油管，以防跑油；注意天气和空气相对湿度要求	
4	拆卸套管	依次对角松动安装法兰螺栓，轻轻摇动套管，防止法兰受力不均匀，待密封垫脱开后整体取下套管。将套管用塑料布将下部瓷套包好后妥善保管。专人指挥吊车，控制起吊速度，防止损坏套管瓷裙	
5	拆卸储油柜	拆卸前将蝶阀关闭，拆卸时两侧系好防护绳，拆除储油柜固定螺栓，吊下储油柜，所有蝶阀用盖板封好	
6	拆卸压力释放阀	依次对角松动安装法兰螺栓，轻轻摇动，待密封垫脱开后拆下	
7	拆卸冷却器	拆除冷却器时应由专人指挥，上下协调一致，防止损伤散热管，先将蝶阀关闭，打开排油塞和放气塞排进残油，用吊车吊住冷却器，再松开蝶阀冷却器侧螺母，收紧吊钩将冷却器平移并卸下，所有蝶阀用盖板密封好	
8	拆卸气体继电器	关闭两侧蝶阀，在气体继电器下方放置盛油的开口油桶放出剩油，拆开两端法兰的连接螺栓，将气体继电器取下	

续表

序号	工作内容	标准及要求	执行情况
9	拆卸吸湿器	将吸湿器从变压器上卸下，保持吸湿器完好，防止摔碎，倒出内部吸附剂	
10	拆卸温度计	松开安装螺栓，保持外观完好，金属细管不得扭曲、损伤和变形。拧下密封螺母连同温包一并取出，然后将温度表从油箱上拆下，并将金属细管盘好，弯曲半径应大于 75mm	
11	拆卸无励磁分接开关操作杆或有载分接开关顶盖及有关部件	有载分接开关的拆卸。松开电动机构与分接开关的水平传动轴，拆除头盖，注意保存好密封胶垫；拆除分接位置指示盘上的固定螺栓，然后向上取下分接位置指示盘；卸除切换开关本体支撑板上的螺母；使用起重吊垂直缓慢地吊起切换开关，并放在平坦清洁的地方，用清洁布盖好，防止异物落入； 无载分接开关的拆卸。先将开关调整到极限位置，安装法兰应做定位标记，三相联动的传动机构拆卸前也应做定位标记	
12	对于采用桶式油箱的中小型变压器，拆卸油箱顶盖与箱壳之间的连接螺栓，将器身吊出油箱（吊芯）	在吊出器身之前，应拆除芯部与顶盖之间的连接物	

工序质量控制卡

序号	关键工序	工艺标准及要求	执行情况	风险提醒（必要时）	检查人
1	拆卸附件	（1）检修工作一般应选在无尘土飞扬及其他污染的晴天时进行，不应在空气相对湿度超过 80%的气候条件下进行； （2）拆卸下的附件开口用封板封好，防止进水受潮		（1）注意吊车与带电部位的安全距离； （2）大修时器身暴露在空气中的时间应不超过如下规定：空气相对湿度≤65%为 16h；空气相对湿度≤75%为 12h	
2	吊罩（芯）	（1）起吊前核实油箱大盖和铁芯质量以及吊绳承重及吊车吊重；吊车停好位置，校准重心，钢丝夹角应小于 60°；收紧钢丝后再次检查重心位置是否合理，油箱大盖四角应分别系好护绳防止油箱晃动； （2）当钟罩（或器身）因受条件限制，起吊后不能移动而需在空中停留时，应采取支撑等防止坠落措施；		（1）注意吊车与带电部位的安全距离； （2）起吊前，人员分工明确，缆风绳有专人管理，铁芯四角有专人监视管理； （3）防止绝缘件受潮，解体时应选择在晴天，平均空气湿度应小于 60%，并做好防护应急工作； （4）若器身必须暴露在空气中进行检修，则周围空气温度不宜低于	

续表

序号	关键工序	工艺标准及要求	执行情况	风险提醒（必要时）	检查人
2	吊罩（芯）	（3）器身暴露时间是从变压器放油时起至开始抽真空或注油时为止。如器身暴露时间需超过上述规定，宜接入干燥空气发生装置进行施工，如超出规定时间不大于4h，则可延长持续高真空时间至器身暴露空气中的时间； （4）落回钟罩（或器身）时速度应均匀，掌握好重心，防止倾斜。四角应系缆绳，使其保持平稳，应使高、低压侧引线，分接开关支架与箱壁间保持一定的间隙，防止碰伤		0℃，且器身温度不应低于周围空气温度。当器身温度低于周围空气温度时，应将器身加热，宜使其温度高于周围空气温度5℃； （5）检查器身时，应由专人进行，穿着无纽扣、无金属挂件的专用检修工作服和鞋，并戴清洁手套，寒冷天气还应戴口罩，照明应采用低压行灯； （6）在大修过程中不应随意改变变压器内部结构及绝缘状况，破坏应有的抗短路能力、散热能力和绝缘耐受能力	

作业验收

序号	执行步骤		执行结果√
	工作内容	标准及要求	
1	清理现场	清理工作区域，清理作业工具	
2	做好记录	做好各项记录	
3	验收结果		
作业指导卡执行情况评价			

故障处理汇报		
	现场检查情况	
	紧急处理	
	故障分析及处理方法	
	故障处理过程	

变压器器身检修作业指导卡

作业名称		作业班组	
作业开始时间		作业结束时间	
作业执行人		作业监护人	

绕组的检修

序号	检查内容	检查办法	工艺质量要求	检查情况
1	检查相间隔离板和围屏有无破损、变色、变形、放电痕迹	目测	（1）围屏应清洁，无破损、无变形、无发热和树枝状放电痕迹，绑扎紧固完整，分接引线出口处封闭良好； （2）围屏的起头应在绕组的垫块上，接头处应错开搭接，并防止油道堵塞； （3）相间隔板应完整并固定牢固； （4）静电屏应清洁完整，无破损、无变形、无发热和树枝状放电痕迹，绝缘良好，连接可靠	
2	检查绕组表面是否清洁，匝绝缘有无破损，油道是否畅通	解开围屏目测，内窥镜检查	（1）绕组应清洁，无油垢、无变形、无过热变色和放电痕迹； （2）整个绕组无倾斜、位移，导线辐向无明显弹出现象； （3）油道应保持畅通，无油垢及其他杂物积存； （4）外观整齐清洁，绝缘及导线无破损	
3	检查绕组各部垫块有无位移和松动情况	目测，内窥镜检查	（1）垫块应无位移和松动情况； （2）各部垫块应排列整齐，辐向间距相等，轴向成一垂直线，支撑牢固，有适当压紧力	
4	检查绝缘状态	用指压，进行聚合度测试	绝缘状态分级如下： （1）良好绝缘状态，又称一级绝缘：绝缘有弹性，用手指按压后无残留变形，或聚合度在750mm以上； （2）合格绝缘状态，又称二级绝缘：绝缘稍有弹性，用手指按压后无裂纹、脆化，或聚合度在750～500mm之间； （3）可用绝缘状态，又称三级绝缘：绝缘轻度脆化，呈深褐色，用手指按压时有少量裂纹和变形，或聚合度在500～250mm之间； （4）不合格绝缘状态，又称四级绝缘：绝缘已严重脆化，呈深褐色，用手指按压时即酥脆、变形、脱落，或聚合度在250mm以下	

续表

序号	检查内容	检查办法	工艺质量要求	检查情况
5	检查绕组轴向预紧力是否合适	采用液压装置	(1) 绕组垫块的压强应大于 20kg/cm^2； (2) 绝缘状态在三级及以下，不宜进行预压	

铁芯的检修

序号	检查内容	检查方法	工艺质量要求	检查情况
1	检查铁芯外表	目测	(1) 铁芯应平整、清洁，无片间短路或变色、放电烧伤痕迹； (2) 铁芯应无卷边、翘角、缺角等现象； (3) 油道应畅通，无垫块脱落和堵塞，且应排列整齐	
2	检查铁芯结构紧固情况	目测，力矩扳手	(1) 铁芯与上下夹件、方铁、压板、底脚板间均应保持良好绝缘； (2) 钢压板与铁芯间要有明显的绝缘间隙，绝缘压板应保持完整、无破损、变形、开裂和裂纹现象； (3) 钢压板不得构成闭合回路，并有一点可靠接地； (4) 金属结构件应无悬空现象，并有一点可靠接地； (5) 紧固件应拧紧或锁牢	
3	检查铁芯绝缘	目测，绝缘电阻表	(1) 铁芯绝缘应完整、清洁，无放电烧伤和过热痕迹； (2) 铁芯组间、夹件、穿心螺栓、钢拉带绝缘良好，其绝缘电阻应无较大变化，并有一点可靠接地； (3) 铁芯接地片插入深度应足够牢固，其外露部分应包扎绝缘，防止铁芯短路； (4) 采用 500V 或 1000V 绝缘电阻表测量铁芯级间绝缘电阻宜大于 1MΩ； (5) 采用 2500V 绝缘电阻表测量铁芯对夹件及地绝缘电阻宜大于 1MΩ	
4	检查电屏蔽或磁屏蔽	目测，500V 或 1000V 绝缘电阻表	(1) 绝缘电阻应大于 1MΩ 以上，挂地应可靠； (2) 固定应牢固； (3) 表面应清洁，无变色、变形、过热、放电痕迹	

引线及绝缘支架的检修

续表

序号	检查内容	检查方法	工艺质量要求	负责人
1	检查引线及引线锥的绝缘包扎有无变形、变脆、破损，引线有无断股，引线与引线接头处焊接情况是否良好，有无过热现象	目测	(1) 引线绝缘包扎应完好，无变形、起皱、变脆、破损、断股、变色现象； (2) 对穿缆套管的穿缆引线应用白纱带半叠包一层； (3) 引线绝缘的厚度及间距应符合有关要求	
2	检查引线	目测	(1) 引线应无断股损伤现象； (2) 接头表面应平整、光滑，无毛刺、过热性变色现象； (3) 接头面积应大于其引线截面积的 3 倍以上； (4) 引线长短应适宜，不应有扭曲和应力集中现象	
3	检查绝缘支架	目测	(1) 绝缘支架应无破损、裂纹、弯曲变形及烧伤现象； (2) 绝缘支架与铁夹件的固定可用钢螺栓，绝缘件与绝缘支架的固定应用绝缘螺栓；固定螺栓均需有防松措施； (3) 绝缘固定应可靠，无松动和窜动现象； (4) 绝缘夹件固定引线处应加垫附加绝缘，以防卡伤引线绝缘； (5) 引线固定用绝缘夹件的间距，应符合要求	
4	检查引线与各部件之间的绝缘距离	测量	(1) 引线与各部位之间的绝缘距离应符合要求； (2) 对大电流引线（铜排或铝排）与箱壁间距，一般应大于 100mm，并在铜（铝）排表面可包扎一层绝缘	
5	紧固所有螺栓	力矩扳手	均处在合适紧固状态	

油箱的检修

序号	部位	检查内容	检查方法	工艺质量要求	负责人
1	外部	检查焊缝	目测	应无渗漏点	
		清洁度		油箱外表面应洁净，无锈蚀，漆膜完整	
2	内部	内表面	目测	油箱内部应洁净，无锈蚀、放电现象，漆膜完整	
		磁（电）屏蔽		磁（电）屏蔽装置固定牢固，无放电痕迹，接地可靠	
		器身定位钉		定位装置不应造成铁芯多点接地	
		结构件		应无松动放电现象，固定应牢固	

续表

<table>
<tr><th>序号</th><th>部位</th><th>检查内容</th><th>检查方法</th><th>工艺质量要求</th><th>负责人</th></tr>
<tr><td rowspan="2">3</td><td rowspan="2">管道</td><td>管道内部</td><td rowspan="2">目测</td><td>管道内部应清洁、无锈蚀、堵塞现象</td><td rowspan="2"></td></tr>
<tr><td>导油管</td><td>固定于下夹件上的导向绝缘管，连接应牢固，无泄漏现象</td></tr>
<tr><td rowspan="3">4</td><td rowspan="3">密封</td><td>法兰</td><td rowspan="2">目测</td><td>法兰结合面应无漆膜，保证光滑、平整、清洁</td><td rowspan="3"></td></tr>
<tr><td>密封脚垫</td><td>(1) 胶垫接头粘合应牢固，并放置在油箱法兰直线部位的两螺栓的中间，搭接面应平放，搭接面长度不少于胶垫宽度的 2 倍；
(2) 胶垫压缩量为其厚度的 1/3 左右（胶棒压缩量为 1/2 左右）；
(3) 不得重复使用已用过的密封件</td></tr>
<tr><td>密封试验</td><td>油压</td><td>在储油柜内施加 0.035MPa 压力，保持 12h 不应渗漏</td></tr>
</table>

<table>
<tr><th colspan="4">作业验收</th></tr>
<tr><td rowspan="2">序号</td><td colspan="2">执行步骤</td><td rowspan="2">执行结果√</td></tr>
<tr><td>工作内容</td><td>标准及要求</td></tr>
<tr><td>1</td><td>清理现场</td><td>清理工作区域，清理作业工具</td><td></td></tr>
<tr><td>2</td><td>做好记录</td><td>做好各项记录</td><td></td></tr>
<tr><td>3</td><td colspan="2">验收结果</td><td></td></tr>
<tr><td>作业指导卡执行情况评价</td><td colspan="3"></td></tr>
<tr><td rowspan="4">故障处理汇报</td><td colspan="2">现场检查情况</td><td></td></tr>
<tr><td colspan="2">紧急处理</td><td></td></tr>
<tr><td colspan="2">故障分析及处理方法</td><td></td></tr>
<tr><td colspan="2">故障处理过程</td><td></td></tr>
</table>

变压器储油柜检修作业指导卡

作业名称		作业班组	
作业开始时间		作业结束时间	
作业执行人		作业监护人	

工器具配置表

序号	名称	规格	单位	数量	备注
1	汽吊	8吨	台	1	
2	钢丝吊绳	视情况而定	条	2	
3	U型吊环	视情况而定	m	30	
4	尼龙吊绳	高强度	m	100	
5	安全带	高空作业用	套	足量	
6	组合工具		套	1	
7	人字梯		台	2	视需求配置
8	电动扳手	转矩 3000kg·cm， 适用螺栓为 M12～M20	把	2	紧固储油柜箱沿螺栓用
9	测量尺	5m			
10	锤子	1磅	把	2	视需求配置
11	凿子	22mm×220mm（长）			视需求配置
12	刮刀		把	2	清理法兰表面
13	管钳子	600mm	把	1	
14	测露点仪表	在测量范围－70～20℃之内			
15	锉组件	5件套			视需求配置
16	油容器	视具体情况而定		足量	
17	压力表				
18	气泵及联管		台	1	视需求配置
19	常用工具		套	1	视需求配置

工序质量控制表

序号	关键工序	工艺标准及要求	风险提醒（必要时）	检查情况
1	检查外表面清洁度和锈蚀情况	应清洁、无锈蚀		
2	检查内表面清洁度、水分锈蚀情况	应清洁，无毛刺、腐蚀和水分	如出现锈蚀、水分，一定要查明原因，彻底处理	
3	检查油位显示	（1）管式油位计内油清晰、无杂质，油位清晰可见，油位标示线指示清晰； （2）指针油位计的伸缩杆伸缩自如，无折裂现象； （3）无假油位现象		

续表

序号	关键工序	工艺标准及要求	风险提醒（必要时）	检查情况
4	检查管道清洁，畅通	（1）表面应清洁，管道应畅通无杂质和水分； （2）若有安全气道，则应和储油柜间互相连通； （3）呼吸畅通		
5	检查胶囊袋和隔膜的密封性能	（1）胶囊和隔膜无老化开裂现象，密封性能良好； （2）耐受压力 0.02～0.03MPa，时间12h 应无渗漏； （3）胶囊洁净，联管口无堵塞		
6	整体密封处理和检查	更换密封件，密封良好无渗漏，应耐受油压 0.05MPa，6h 无渗漏	回装前要检查内部无遗留杂物及工具	

作业验收

序号	执行步骤		执行结果√
	工作内容	标准及要求	
1	清理现场	清理工作区域，清理作业工具	
2	做好记录	做好各项记录	
3	验收结果		
作业指导卡执行情况评价			
故障处理汇报	现场检查情况		
	紧急处理		
	故障分析及处理方法		
	故障处理过程		

变压器瓷套管检修作业指导卡

作业名称		作业班组	
作业开始时间		作业结束时间	
作业执行人		作业监护人	

工器具配置表

序号	名称	规格	单位	数量	备注
1	常用工具		套	1	视需求配置
2	安全带	高空作业用		足量	
3	组合工具		套	1	
4	人字梯		台	2	视需求配置
5	管钳子	600mm	把	1	视需求配置
6	测露点仪表	在测量范围－70～20℃之内	台	1	视需求配置
7	锉组件	5 件套	套	1	视需求配置
8	套管待更换备件	视情况而定	套	1	
9	油容器	视具体情况而定		足量	
10	高强度尼龙吊绳		m	100	视需求配置

工序质量控制表

序号	关键工序	工艺标准及要求	风险提醒（必要时）	执行情况
1	套管及导电杆检查	（1）瓷套表面应清洁，无放电、裂纹、破损、渗漏现象； （2）导电杆应完整无损，无放电、油垢、过热、烧损痕迹； （3）绝缘筒应完整，无放电、油垢痕迹，并处于干燥状态； （4）如发生渗漏应进行拆卸更换	切勿碰坏瓷套	
2	套管拆卸、安装	（1）拆卸套管时防止导电杆螺纹滋扣； （2）套管安装时按要求回装，导杆定位销要对好套管定位凹陷处； （3）紧固套管固定螺栓时要用力适中，防止局部过度受力	（1）切勿碰坏瓷套； （2）工作中防止异物落入变压器中	

作业验收

序号	执行步骤		执行结果√
	工作内容	标准及要求	
1	清理现场	清理工作区域，清理作业工具	
2	做好记录	做好各项记录	
3	验收结果		

续表

<table>
<tr><td>作业指导卡
执行情况评价</td><td colspan="2"></td></tr>
<tr><td rowspan="4">故障处理汇报</td><td>现场检查情况</td><td></td></tr>
<tr><td>紧急处理</td><td></td></tr>
<tr><td>故障分析及处理方法</td><td></td></tr>
<tr><td>故障处理过程</td><td></td></tr>
</table>

无励磁分接开关检修作业指导卡

作业名称		作业班组	
作业开始时间		作业结束时间	
作业执行人		作业监护人	

工器具配置表

序号	名称	规格	单位	数量	备注
1	油泵		台	1	视需求配置
2	常用工具		套	1	
3	组合工具		套	1	
4	吊绳		个	1	
5	吊板		个	1	
6	安全带	通用	条	足量	

危险点分析及安全控制措施

序号	危险点分析	安全控制措施	责任人
1	误入带电间隔	（1）现场工作人员明确工作范围； （2）工作负责人现场加强监护； （3）禁止擅自移动或跨越围栏	
2	人身伤害	（1）在变压器上作业要做好安全措施，设专人监护； （2）高空作业要系好安全带，防止从变压器上滑下； （3）低压工作电源要装漏电保护器，防止触电； （4）无励磁开关传动要专人负责监护； （5）使用绝缘梯时，由责任人扶持，安全带系在牢固的构件上，禁止低挂高用	
3	设备损坏	设备检修按技术要求修好，防止检修不当损坏设备	

确认签字

我已知晓上述停电时间、范围、工作内容、地点、人员分工、危险因素及防范措施，全体工作人员已确认并在工作票上签字。

工作人员确认签字：

工序质量控制表

序号	关键工序	工艺标准及要求	风险提醒（必要时）	检查情况	检查人
1	本体的检修	开关应完整无缺损，所有紧固件均应拧紧、锁住，无松动			
2	操作手柄的检修	（1）机械转动灵活，转轴密封良好，无卡滞； （2）上部指示位置与下部实际接触位置应相一致； （3）定位螺栓应处在正常位置； （4）操作杆U型拨叉应保持良好接触，无悬浮状态			

续表

序号	关键工序	工艺标准及要求	风险提醒（必要时）	检查情况	检查人
3	触头的检修	（1）触头接触电阻应小于500μΩ； （2）触头表面应光洁，无氧化变质、碰伤及镀层脱落现象； （3）触头接触压力应在0.25～0.5MPa之间，或用0.02mm塞尺检查应无间隙； （4）应无放电、过热、烧损、松动现象			
4	绝缘件的检修	绝缘筒应完好，无破损、剥离开裂、变形，放电、表面清洁无油垢；操作杆绝缘良好，无弯曲变形			

作业验收

序号	执行步骤		执行结果√
	工作内容	标准及要求	
1	清理现场	清理工作区域，清理作业工具	
2	做好记录	做好各项记录	
3	验收结果		
作业指导卡执行情况评价			

故障处理汇报	现场检查情况	
	紧急处理	
	故障分析及处理方法	
	故障处理过程	

有载分接开关检修作业指导卡

作业名称		作业班组	
作业开始时间		作业结束时间	
作业执行人		作业监护人	

工器具配置表

序号	名称	规格	单位	数量	备注
1	绝缘电阻表	S1-5001	套	1	2500V 及以上
2	滤油机（油泵）		台	1	
3	常用工具		套	1	按需求配置
4	万用表		个	1	
5	组合工具		套	1	
6	吊绳		个	1	
7	吊板		个	1	
8	安全带	通用	条	足量	

危险点分析

序号	危险点分析	安全控制措施	责任人
1	误入带电间隔	（1）现场工作人员明确工作范围； （2）工作负责人现场加强监护； （3）禁止擅自移动或跨越围栏	
2	人身伤害	（1）在变压器上作业要做好安全措施，设专人监护； （2）高空作业要系好安全带，防止从变压器上滑下； （3）低压工作电源要装漏电保护器，防止触电； （4）有载开关传动要专人负责监护； （5）使用绝缘梯时，由责任人扶持，安全带系在牢固的构件上，禁止低挂高用	
3	设备损坏	设备检修按技术要求修好，防止检修不当损坏设备	
4	现场使用吊车带电安全距离的保证	吊车要专人指挥，要有经验的人监护，防止触电	

确认签字

我已知晓上述停电时间、范围、工作内容、地点、人员分工、危险因素及防范措施，全体工作人员已确认并在工作票上签字。

工作人员确认签字：

续表

工序质量控制表					
序号	关键工序	工艺标准及要求	风险提醒（必要时）	检查情况	检查人
1	切换开关吊芯	（1）确定放油管截门，将油室油放尽； （2）松开电动机构与分接开关的水平传动轴，拆除头盖，注意保存好密封胶垫； （3）拆除分接位置指示盘上的M5固定螺栓，然后向上取下分接位置指示盘； （4）卸除切换开关本体支撑板上7只M8螺母； （5）使用起重吊垂直缓慢地吊起切换开关，并放在平坦清洁的地方，用清洁布盖好，防止异物落入； （6）用合格变压器油冲洗切换开关及油室，用无绒干净布擦净油室内壁及开关上的积污	（1）未涂红颜色的螺栓可以拆卸； （2）起吊时不得碰坏触头、吸油管及位置指示轴		
2	切换开关检查	（1）检查切换开关所有紧固件，尤其是3块弧形板上的紧固件是否松动； （2）检查储能机构的主弹簧、复位弹簧、爪卡是否变形或断裂； （3）检查切换开关触头是否有过热及电弧烧伤痕迹； （4）检查过渡电阻是否有断裂，并测量其阻值	（1）螺栓紧固无松动； （2）主弹簧、复位弹簧、爪卡无变形断裂； （3）切换开关无过热及电弧烧伤痕迹； （4）过渡电阻值与铭牌值相比偏差不大于10%		
3	变压器大修吊罩选择器检修	（1）检查选择器的动触头和静触头是否有过热现象，有无松动； （2）检查线圈引线到选择器接线处和选择器轴内到切换开关6根引线处是否牢固； （3）检查范围开关触头＋K、－K接触是否良好	（1）选择器的动触头和静触头无过热、无松动； （2）引线接线接触牢固		

续表

序号	关键工序	工艺标准及要求	风险提醒（必要时）	检查情况	检查人
4	电动机构检修	（1）检查电动机、传动齿轮是否灵活，有无卡涩； （2）检查电气元件是否完好，电气和机械限位是否正确； （3）检查电动机构与开关本体分接位置是否一致，380V 电源相序是否正确； （4）检查短路制动 K3 接线及防连动时间继电器	（1）经电气试验和机械传动性能应良好，否则更换检修处理； （2）电动机构与开关本体分接位置不一致，在极限位置容易引起扭断切换开关轴的事故。电源相序反接空气断路器掉闸，电动失灵； （3）接触良好，时间继电器导通良好		
5	切换开关回装	（1）用吊车吊牢切换开关对正缓慢落下开关桶，与底部嵌件位置找正固定。插入抽油管后注入合格绝缘油至上口沿 50mm 处； （2）安好 O 形圈，装好分接开关大盖。补充绝缘油至储油柜规定位置	必须将有载分接开关内的气体放净，否则瓦斯发信号影响安全运行		
6	有载开关机构圈数调整	（1）将开关传动轴按原位连接好，手摇开关到左右极限位置，看其是否有卡劲现象； （2）手摇调整机构圈数，“M”型开关切换一档转动为 33 圈。在 27.5～28.5 圈时开关切换动作，正反均如此。确认开关无误后方可进行电动操作，运转两个来回经电气试验无问题才能交付使用	（1）有卡劲现象证明有载开关机构与开关实际位置错位，应立即调整； （2）如果正反切换圈数差值超过 2 圈必须调整，不然选择开关动触头动作不到位，接触不良容易造成事故		

作业验收

序号	执行步骤		执行结果√
	工作内容	标准及要求	
1	清理现场	清理工作区域，清理作业工具	
2	做好记录	做好各项记录	
3	验收结果		

续表

<table>
<tr><td>作业指导卡
执行情况评价</td><td colspan="2"></td></tr>
<tr><td rowspan="4">故障处理汇报</td><td>现场检查情况</td><td></td></tr>
<tr><td>紧急处理</td><td></td></tr>
<tr><td>故障分析及处理方法</td><td></td></tr>
<tr><td>故障处理过程</td><td></td></tr>
</table>

压力释放阀、气体继电器更换作业指导卡

作业名称		作业班组	
作业开始时间		作业结束时间	
作业执行人		作业监护人	

工器具配置表

序号	编码	名称及规格	单位	数量	备注
1	500023437	成套扳手，套筒扳手，M16-20	套	1	
2	500023441	成套扳手，套筒扳手，ELSM12（19）/M20（30）	套	1	
3	500023442	成套扳手，梅花扳手，M16-20	套	1	
4	500023405	尖嘴钳，扁嘴钳，8in，绝缘	把	1	
5	500023501	梅花扳手，活扳手，10mm，非绝缘	把	1	
6	500023645	组合工具	套	1	
7		吊绳	个	1	
8		油盘	个	2	
9		油桶	个	1	
10	500010554	压力滤油机	台	1	
11	500062582	电源盘，380V，50m	盘	2	
12		油管			
13		载人车			
14	500062309	绝缘胶布，1000V	卷	1	
15	500028783	塑料布、薄膜，0.05mm	卷	1	
16	500065827	洗涤用品，金属清洗剂	桶	1	
17	500062464	抹布	块	20	
18	500031397	载货汽车	辆	1	微型（车长≤3.5m，总质量≤1800kg）
19	500031390	普通客车	辆	1	微型（车长≤3.5m，发动机总排量≤1L）

危险点分析及安全控制措施

序号	危险点分析	安全控制措施	责任人
1	误入带电间隔	（1）现场工作人员明确工作范围； （2）工作负责人现场加强监护； （3）禁止擅自移动或跨越围栏	

续表

序号	危险点分析	安全控制措施	责任人
2	人身伤害	（1）在变压器上作业要做好安全措施，设专人监护； （2）戴好安全帽 （3）在变压器上工作要系好安全带	

确认签字

我已知晓上述停电时间、范围、工作内容、地点、人员分工、危险因素及防范措施，全体工作人员已确认并在工作票上签字。

工作人员确认签字：

质量控制卡

序号	关键工序	工艺标准及要求	风险提醒（必要时）	检查情况	检查人
1	拆卸旧瓦斯继电器	（1）关闭气体继电器两侧截门，拆除防雨罩及二次接线； （2）松开连接气体继电器两侧的法兰固定螺栓，放出气体继电器内油并排尽； （3）取下气体继电器，将旧胶垫去掉，清擦干净			
2	安装新气体继电器	（1）换上新胶垫将新瓦斯回装，气体继电器上的尖头必须朝向储油柜； （2）胶垫压缩量在1/3左右； （3）打开气体继电器两侧截门充油，把气体继电器放气堵打开，将气排尽然后关严； （4）恢复二次接线传动，装好气体断电器防雨罩，观察无误后方可投入运行	（1）气体继电器接点槽内严禁受潮或进水； （2）气体继电器上的尖头必须朝向储油柜； （3）打开气体继电器两侧截门充油后，一定要对气体继电器进行放气，放气后要关严放气堵； （4）要装好防雨罩		
3	拆卸旧压力释放阀	（1）将压力释放阀底座截门关闭，松开固定螺栓，拆除信号电缆，将压力释放阀及旧胶垫取下，换上新胶垫； （2）若压力释放阀底座无截门，则将储油柜到气体继电器的截门关闭，变压器放油至释放阀底座下30mm处，更换方法与上述方法相同			

续表

序号	关键工序	工艺标准及要求	风险提醒（必要时）	检查情况	检查人
4	安装新压力释放阀	（1）新压力释放阀安装前要做动作试验并符合规定； （2）安装前要检查微动开关触点要接触良好，用500V绝缘电阻表测绝缘电阻在0.5MΩ以上； （3）装上新压力释放阀并固定，拆除阀上的铁护带，将信号电缆连接； （4）开启释放阀底截门并排气，观察无渗漏，信号正常方可投入运行。然后对变压器进行真空补加油，油静置24h后将气排尽，观察无误后方可投入运行	信号接线要密封良好，否则受潮会误发信号		

作业验收

序号	执行步骤		执行结果√
	工作内容	标准及要求	
1	清理现场	清理工作区域，清理作业工具	
2	做好记录	做好各项记录	
3	验收结果		
作业指导卡执行情况评价			
故障处理汇报	现场检查情况		
	紧急处理		
	故障分析及处理方法		
	故障处理过程		

呼吸器硅胶更换作业指导卡

作业名称		作业班组	
作业开始时间		作业结束时间	
负责人		成员	

人员分工

序号	作业项目	作业人员
1	准备现场标准作业文本及工器具	
2	办理工作票	
3	拆卸呼吸器	
4	更换呼吸器硅胶	
5	回装呼吸器	
6	填写记录及配合验收	

危险点分析及安全控制措施

序号	危险点分析	安全控制措施	责任人
1	误入带电间隔	(1) 现场工作人员明确工作范围； (2) 工作负责人现场加强监护； (3) 禁止擅自移动或跨越围栏	
2	人身伤害	(1) 戴好安全帽防止撞头； (2) 在变压器上工作要系好安全带	

确认签字

我已知晓上述停电时间、范围、工作内容、地点、人员分工、危险因素及防范措施，全体工作人员已确认并在工作票上签字。

工作人员确认签字：

材料配置表

序号	编码	名称	规格	单位	数量	备注
1	500023506 500023508	梅花扳手	8～24	套	1	
2	500040931	活扳手	10in	个	1	
3		油盘		个	2	
4		油桶		个	1	

材料配置表

序号	编码	名称	单位	数量	备注
1		硅胶	kg	10	
2	500065827	洗涤用品，金属清洗剂	桶	1	
3	500062464	抹布	块	20	

典型备品备件配置表

续表

序号	编码	名称	单位	数量	备注
1		呼吸器	kg	1	0.5kg
2		呼吸器	kg	1	2kg
3		呼吸器	kg	1	3kg
4		呼吸器	kg	1	5kg

工序质量控制卡

序号	关键工序	工艺标准及要求	风险提醒（必要时）	检查情况	检查人
1	呼吸器解体	（1）拆除油封罩； （2）拆除穿心螺杆两侧螺母； （3）拆除上下法兰座，取出滤网，倒出失效的硅胶； （4）将玻璃和拆卸的所有部件妥善存放			
2	检修呼吸器	（1）清洗上下法兰座，达到无锈蚀无污垢； （2）清洗玻璃罩，检查玻璃罩密封面应无损伤； （3）检查滤网应完整无损，通气孔要畅通； （4）清洗油封罩达到清洁	通气孔不畅通容易出现假油面		
3	回装呼吸器	（1）在吸湿器内装入经筛选的变色硅胶，其颗粒为 4～7mm，装入量为容积的 4/5 左右	（1）吸湿器内的硅胶宜采用同一种变色硅胶。当较多硅胶受潮变色时，需要更换硅胶；对单一颜色硅胶，受潮硅胶不超过 2/3		
		（2）更换密封胶垫，紧固穿心螺杆使两侧密封胶垫压缩量为 1/3 左右	（2）运行中应监视吸湿器的密封是否良好，当发现吸湿器内的上层硅胶先变色时，可以判定密封不好		
		（3）更换油杯中绝缘油，注入量为容积的 1/2 左右	（3）注入吸湿器油杯的油量要适中，过少会影响净化效果，过多会造成呼吸时冒油		

作业验收

序号	执行步骤		执行结果√
	工作内容	标准及要求	
1	清理现场	清理工作区域，清理作业工具	

续表

<table>
<tr><td rowspan="2">序号</td><td colspan="2">执行步骤</td><td rowspan="2">执行结果√</td></tr>
<tr><td>工作内容</td><td>标准及要求</td></tr>
<tr><td>2</td><td>做好记录</td><td>做好各项记录</td><td></td></tr>
<tr><td>3</td><td colspan="2">验收结果</td><td></td></tr>
<tr><td>作业指导卡执行情况评价</td><td colspan="3"></td></tr>
<tr><td rowspan="4">故障处理汇报</td><td>现场检查情况</td><td colspan="2"></td></tr>
<tr><td>紧急处理</td><td colspan="2"></td></tr>
<tr><td>故障分析及处理方法</td><td colspan="2"></td></tr>
<tr><td>故障处理过程</td><td colspan="2"></td></tr>
</table>

变压器大修后试验作业指导卡

作业名称		作业班组	
作业开始时间		作业结束时间	
负责人		成员	

人员分工

序号	作业项目	作业人员
1	准备现场标准作业文本及工器具	
2	办理工作票	
3	外观检查	
4	绕组直流电阻	
5	绕组绝缘电阻、吸收比和极化指数	
6	绕组的 $\tan\delta$	
7	套管的绝缘电阻、$\tan\delta$ 与电容量	
8	绕组泄漏电流	
9	铁芯、夹件绝缘电阻	
10	穿芯螺栓、夹件、绑扎钢带、铁芯、线圈压环及屏蔽等的绝缘电阻	
11	绕组电压比	
12	交流耐压试验	
13	局部放电	
14	绕组变形试验	
15	本体及有载分接开关油室绝缘油击穿电压试验	
16	有载分接开关切换程序与时间	
17	现场试验数据记录及分析	
18	填写记录及配合验收	

危险点分析及安全控制措施

序号	危险点分析	安全控制措施	责任人
1	误入带电间隔	（1）现场工作人员明确工作范围； （2）工作负责人现场加强监护； （3）禁止擅自移动或跨越围栏	
2	人身伤害	（1）高压试验时，危险区域设警示围栏，设专人监护；试验前断开变压器与引线的连接，应有明显断开点，其距离符合试验要求，必要时将引线短路接地； （2）试验时将高压测试线与被试设备连接牢固，试验人员与带电部位保持足够的安全距离； （3）直流电阻、绝缘电阻、泄漏电流等直流试验结束后，对变压器充分放电；	

续表

序号	危险点分析	安全控制措施	责任人
2	人身伤害	（4）高空作业使用绝缘梯时，由责任人扶持，安全带系在牢固的构件上，禁止低挂高用； （5）使用合格绝缘工器具； （6）操作有载分接开关时，不得有人触摸转动部分和传动部分	
3	设备损坏	铝制套管末屏盖，质地较软，拆装时注意不要用力过猛，以免损坏螺纹	
4	仪器损坏	正确使用试验仪器，经责任人检查试验接线无误后方可试验	
5	设备未恢复到初始状态，造成事故	（1）试验结束注意检查末屏是否可靠接地，配合验收时重点检查； （2）试验前记录各开关及分接头位置，试验后及时恢复，配合验收时重点检查； （3）试验结束后清理试验现场，清点测试线，配合验收时重点检查	

其他班组（或专业）间配合或交叉作业危险因素

序号	相关班组	危险点分析	安全控制措施	责任人
1	变压器班	（1）拆除引线方式不当	明确告知变压器班需要拆除哪些引线，拆掉的引线固定在什么位置	
		（2）高压试验时，交叉作业人员误碰带电设备或触电伤人	（1）断开变压器与引线的连接，应有明显断开点，必要时将引线短路接地； （2）高压班自设围栏，通知交叉作业人员，设专人监护，试验期间禁止非试验人员进入围栏	
2	其他所有班组	误动试验电源、地线，损坏仪器设备	（1）工作中注意检查电源线可靠连接，试验前测量电源电压； （2）试验地线牢固接地，尽量将电源线和地线平放在地面上，避免悬空绊倒过往人员	

确认签字

我已知晓上述停电时间、范围、工作内容、地点、人员分工、危险因素及防范措施，全体工作人员已确认并在工作票上签字。

工作人员确认签字：

油浸式变压器大修后试验工器具配置表

序号	编码	名称	单位	数量	备注
1	500009908	绝缘电阻表	套	1	2500V 及以上
2	500009904	直流高压发生器	套	1	输出电压高于试验电压，输出电流大于绕组的泄漏电流，通常在 0.5mA 以上。电压波纹小于 3%

续表

序号	编码	名称	单位	数量	备注
3	500009922	串联谐振成套装置	套	1	额定电压及容量满足试验要求
4		倍频感应耐压成套装置	套	1	额定电压及容量满足试验要求，带过电压、过电流自动跳闸装置及高压侧电压测量装置
5	500009913	介损测试仪	台	1	介质损耗因数测量准确度为1%，电容量准确度为0.5%
6	500009955	变压器直流电阻测试仪	台	1	0.2级
7	500009902	变压器变比测试仪	台	1	
8	500009934	变压器绕组变形测试仪	套	1	
9	500009910	局部放电测试成套装置	套	1	
10	500009925	有载分接开关测试仪	套	1	
11	500009950	绝缘油耐压试验仪	套	1	带标准试油杯
12	500023645	工具箱（组合工具）	个	1	
13	500010401	温湿度计	套	1	
14	500022985	绝缘杆	套	2	
15		试验线	根	2	屏蔽线
16		线包	套	1	
17	500011636	地线轴	个	1	
18	500064406	电源轴	个	4	带漏电保护器、线长视情况
19	500023148	安全带	条	3	合格
20	500023181	安全围栏	盒	2	
21		试验专用面包车	辆	1	
22		升降车	辆	1	

油浸式变压器大修后试验材料配置表

序号	编码	名称	单位	数量	备注
1	500062464	抹布	块	5	
2	500023667	塑料带	盘	1	

变压器大修后试验工序质量控制卡

序号	关键工序	工艺标准及要求	风险提醒（必要时）	检查情况	检查人
1	检查安全措施	符合工作条件			
2	穿芯螺栓、夹件、绑扎钢带、铁芯、线圈压环及屏蔽等的绝缘电阻	220kV及以上的绝缘电阻一般不低于500MΩ；其他变压器一般不低于10MΩ	（1）用2500V绝缘电阻表； （2）连接片不能拆开者可不测量		

续表

<table>
<tr><th>序号</th><th>关键工序</th><th>工艺标准及要求</th><th>风险提醒
（必要时）</th><th>检查
情况</th><th>检查人</th></tr>
<tr><td>3</td><td>变压器绕组变形试验</td><td>（1）与初始结果相比，或三相之间结果相比无明显差别；
（2）每次测量时，变压器外部接线状态应相同；
（3）应在最大分接下测量</td><td></td><td></td><td></td></tr>
<tr><td>4</td><td>绕组绝缘电阻、吸收比和极化指数</td><td>（1）与上一次试验结果相比应无明显变化，一般不低于上次值的70%（大于10 000MΩ以上不考虑）；
（2）在10～30℃范围内，吸收比不小于1.3；极化指数不小于1.5。吸收比和极化指数不进行温度换算</td><td>（1）测量前对被试绕组充分放电；
（2）非被试绕组应接地，被试绕组应短路；
（3）用2500V及以上绝缘电阻表</td><td></td><td></td></tr>
<tr><td>5</td><td>铁芯、夹件（有外引接地线的）绝缘电阻</td><td>（1）与以前试验结果相比无明显差别。
（2）出现两点接地现象时，运行中接地电流一般不大于0.1A</td><td>用2500V绝缘电阻表</td><td></td><td></td></tr>
<tr><td>6</td><td>绕组泄漏电流</td><td>（1）具体的试验电压和泄漏电流见下表：
<table>
<tr><td colspan="2">额定电压（kV）</td><td>6/10</td><td>35</td><td>110/220</td></tr>
<tr><td colspan="2">试验电压（kV）</td><td>10</td><td>20</td><td>40</td></tr>
<tr><td rowspan="8">泄漏电流（μA）</td><td>10℃</td><td>22</td><td>33</td><td>33</td></tr>
<tr><td>20℃</td><td>33</td><td>50</td><td>50</td></tr>
<tr><td>30℃</td><td>50</td><td>74</td><td>74</td></tr>
<tr><td>40℃</td><td>77</td><td>111</td><td>111</td></tr>
<tr><td>50℃</td><td>112</td><td>167</td><td>167</td></tr>
<tr><td>60℃</td><td>166</td><td>250</td><td>250</td></tr>
<tr><td>70℃</td><td>250</td><td>400</td><td>400</td></tr>
<tr><td>80℃</td><td>356</td><td>570</td><td>570</td></tr>
</table>
（2）由泄漏电流换算成的绝缘电阻值应与绝缘电阻表所测值相近（在相同温度下）。
（3）读取1min时的泄漏电流值</td><td>非被试绕组应接地，被试绕组应短路</td><td></td><td></td></tr>
<tr><td>7</td><td>绕组的tanδ</td><td>（1）20℃时tanδ不大于下列数：110～220kV，0.8%；35kV，1.5%；
（2）tanδ值与历年的数值比较不应有明显变化（一般不大于30%）；
（3）试验电压如下：绕组电压在10kV及以上，10kV；绕组电压在10kV以下，U_N；
（4）同一变压器各绕组的tanδ标准值相同</td><td>非被试绕组应接地，被试绕组应短路</td><td></td><td></td></tr>
</table>

续表

序号	关键工序	工艺标准及要求	风险提醒（必要时）	检查情况	检查人
8	套管的绝缘电阻及末屏对地的 $\tan\delta$ 与电容量	（1）电容量初值差不超过±5%（警示值）； （2）介质损耗因数符合以下要求： 1）500kV，≤0.006（注意值）。 2）其他（注意值）：油浸纸，≤0.007；聚四氟乙烯缠绕绝缘，≤0.005；树脂浸纸，≤0.007；树脂黏纸（胶纸绝缘），≤0.015。 （3）当电容型套管末屏对地绝缘电阻低于1000MΩ时应测量末屏地对地的介质损耗因数，加压2kV，其值不大于2%	（1）对于变压器套管，被测套管所属绕组短路加压，其他绕组短路接地。如果试验电压加在套管末屏的试验端子，则必须严格控制在设备技术文件许可值以下（通常为2000V），否则可能导致套管损坏； （2）测量前应确认外绝缘表面清洁、干燥； （3）如果测量值异常（测量值偏大或增量偏大），可测量介质损耗因数与测量电压之间的关系曲线，测量电压从10kV到 $U_m/\sqrt{3}$，介质损耗因数的增量应不大于±0.003，且介质损耗因数不超过0.007（$U_m \geqslant$ 550kV）、0.008（U_m 为252kV）、0.01（U_m 为126kV/72.5kV）。分析时应考虑测量温度影响		
9	交流耐压试验	试验电压如下： 额定电压（kV）：6、10、35、110、220 交流试验电压（kV）：20、28、68、160、316	（1）宜用变频感应法； （2）35kV全绝缘变压器，现场条件不具备时，可只进行外施工频耐压试验； （3）35kV及以下绕组、变压器中性点应进行外施耐压试验		

序号9中的试验电压表：

额定电压（kV）	6	10	35	110	220
交流试验电压（kV）	20	28	68	160	316

续表

序号	关键工序	工艺标准及要求	风险提醒（必要时）	检查情况	检查人
10	局部放电	在线端电压为 $1.5U_m/\sqrt{3}$时，放电量一般不大于500pC；在线端电压为 $1.3U_m/\sqrt{3}$时，放电量一般不大于300pC	（1）试验方法符合GB/T 1094.3—2017《电力变压器 第3部分：绝缘水平：绝缘试验和外绝缘空气间隙》的规定； （2）老旧变压器按照 $1.3U_m/\sqrt{3}$施加电压		
11	有载分接开关切换程序与时间	（1）切换程序与时间： 1）正反方向的切换程序与时间均应符合制造厂要求； 2）无开路现象，其主弧触头分开与另一侧过渡弧触头闭合的时间不得小于10ms； （2）测量过渡电阻：过渡电阻与铭牌值比较偏差不超过10%； （3）动作顺序检查：分接选择器、转换选择器、切换开关或选择开关触头的全部动作顺序，应符合产品技术要求	在油中用示波器对每相单、双数位置测量电流波形变化； 过渡电阻测量使用电桥法		
12	绕组电压比	（1）测试结果应与铭牌标识一致； （2）初值差不超过±0.5%（额定分接位置）； （3）±1.0%（其他）（警示值）			
13	绕组直流电阻	（1）1.6MVA以上的变压器，各相绕组电阻相互间的差别，不应大于三相平均值的2%；无中性点引出的绕组，线间差别不应大于三相平均值的1%。且三相不平衡率变化量大于0.5%应引起注意，大于1%应查明原因； （2）各相绕组电阻与以前相同部位、相同温度下的历次结果相比，不应有明显差别，差别不应大于2%，超过1%时应引起注意	（1）测量调压绕组前对有载分接开关进行全程切换； （2）220kV绕组测试电流不宜大于10A		
14	本体及有载分接开关油室绝缘油击穿电压试验	（1）击穿电压： 1）本体油击穿电压不小于下列数值：≥50kV（警示值），500kV；≥40kV（警示值），220kV；≥35kV（警示值），110kV； 2）有载分接开关油室运行中油的击穿电压不小于30kV，小于30kV时停止使用自动控制器，小于25kV时停止分接变换； （2）介质损耗因数（90℃）：≤0.01，220kV及以下			

续表

<table>
<tr><th colspan="4">作业验收</th></tr>
<tr><td rowspan="2">序号</td><td colspan="2">执行步骤</td><td rowspan="2">执行结果√</td></tr>
<tr><td>工作内容</td><td>标准及要求</td></tr>
<tr><td>1</td><td>清理现场</td><td>清理工作区域，清理作业工具</td><td></td></tr>
<tr><td>2</td><td>做好记录</td><td>做好各项记录</td><td></td></tr>
<tr><td>3</td><td colspan="2">验收结果</td><td></td></tr>
<tr><td colspan="2">作业指导卡执行情况评价</td><td colspan="2"></td></tr>
<tr><td rowspan="4">故障处理汇报</td><td colspan="2">现场检查情况</td><td></td></tr>
<tr><td colspan="2">紧急处理</td><td></td></tr>
<tr><td colspan="2">故障分析及处理方法</td><td></td></tr>
<tr><td colspan="2">故障处理过程</td><td></td></tr>
</table>

变压器检修维护工序质量控制卡

作业名称			作业班组		
作业开始时间			作业结束时间		
负责人			成员		
序号	关键工序	工艺标准及要求	风险提醒 （必要时）	检查情况	检查人
1	主变压器各侧一次引线接头检修	（1）各接头紧固可靠，接触面无氧化、过热； （2）导电杆无溢扣，无氧化，无过热； （3）中性点安装平板式接头	工作人员应按规程使用安全带		
2	有载分接开关检修	（1）油位正常（有载）； （2）各部位清洁，无渗油； （3）机械转动灵活，无卡滞； （4）分接开关指示正常； （5）机构箱内清洁； （6）驱潮装置完好，正确投入	（1）拆前记住开关运行挡位； （2）拆除有载开关上部大盖前做好标记； （3）使用2500V绝缘电阻表		
3	箱体检修	放油阀门、塞子完好；油箱无渗漏点，如有则需要进行堵漏处理；油箱内部洁净、无锈蚀、漆膜完整，漆膜附着牢固；钟罩法兰结合面清洁平整	（1）工器具应设专人保管发放； （2）现场做好防火、防雨工作		
4	储油柜检修	（1）清洁、无渗漏； （2）集污器内无污物； （3）油位正常，没有假油位； （4）胶囊、隔膜封闭良好，无老化开裂； （5）金属波纹式油枕油室无气体，伸缩无卡滞，油位高于正常油位10℃			
5	冷却器检修	（1）清洁、无渗漏； （2）散热片间（管）无污物； （3）油流继电器正常； （4）潜油泵正常； （5）风冷系统运行正常，风扇电动机无异响	（1）通知全体工作人员，风扇启动前大声呼唱； （2）冷却器总控制箱检查时，防止误碰带电二次接线，造成低压触电或直流短路、接地		

续表

序号	关键工序	工艺标准及要求	风险提醒（必要时）	检查情况	检查人
6	套管检修	（1）瓷套清洁，无破损裂； （2）纹及放电痕迹； （3）无渗漏； （4）油位正常； （5）末屏端接地良好； （6）110kV以上套管内引线接头接触良好			
7	检修套管电流互感器	（1）法兰无渗漏； （2）二次套管清洁完好			
8	检修放电间隙	（1）圆钢横截面符合要求； （2）间隙距离符合要求； （3）间隙应对正			
9	检修温控器	（1）密封良好； （2）压力式温控器金属系管固定可靠； （3）指示正常； （4）温包座内充满油； （5）温包座上部密封良好			
10	检修气体继电器	（1）内部清洁，无杂质，积气； （2）外部清洁，无渗漏			
11	检修安全气道	（1）密封良好，防爆膜良好； （2）无渗漏； （3）内部无积气			
12	检修油位计	（1）密封良好，无渗漏； （2）指示正常； （3）用500V绝缘电阻表测量其绝缘电阻应在2MΩ以上			
13	检修净油器	外部清洁，无油污渗漏			
14	检修接地线	（1）接地良好，连接可靠，连接截面符合要求； （2）无锈蚀，引线截面符合要求			
15	检修吸湿器	（1）密封良好； （2）吸湿剂潮解量符合要求			
16	检修阀门	（1）开、闭正常、无渗漏； （2）操作手柄有限位。转动灵活			

续表

序号	关键工序	工艺标准及要求	风险提醒（必要时）	检查情况	检查人
17	检修紧固件	紧固件均处在紧固状态			
18	检修密封件	根据具体情况更换所有的密封件			
19	检修油样阀门	外部清洁，无油污渗漏			
20	检修压力释放阀	动作正确，无渗漏，无锈蚀			

作业验收

序号	执行步骤		执行结果√
	工作内容	标准及要求	
1	清理现场	清理工作区域，清理作业工具	
2	做好记录	做好各项记录	
3	验收结果		
作业指导卡执行情况评价			
故障处理汇报	现场检查情况		
	紧急处理		
	故障分析及处理方法		
	故障处理过程		

附录 E 变压器运行任务工单

单相变压器的空载运行任务工单

<table>
<tr><td>任务名称</td><td colspan="4">单相变压器的空载运行</td><td>成绩</td><td></td></tr>
<tr><td>学生姓名</td><td colspan="2"></td><td>学号</td><td></td><td>班级</td><td></td></tr>
<tr><td>小组序号</td><td></td><td>监护人</td><td>成员</td><td colspan="3"></td></tr>
<tr><td>实训场地</td><td colspan="2"></td><td>主要设备</td><td colspan="3"></td></tr>
<tr><td>实训工位</td><td colspan="2"></td><td>日期</td><td colspan="3"></td></tr>
<tr><td>任务目的</td><td colspan="6">（1）能读懂试验电路图，会接线，能读懂变压器铭牌参数并会进行运行监视。
（2）理解空载运行的概念，掌握空载运行的特点，理解空载运行的意义</td></tr>
</table>

一、单相变压器铭牌认知

抄录变压器铭牌，说明铭牌数据含义，计算变压器的额定容量（视在功率）。

二、认识试验装置并探索实践

画出试验线路图，并按图接线，说明选用仪表及量程。

三、任务实施

操作要点：

理解试验目的，并写出试验步骤，老师同意后方可通电。

通电前三查：查开关、旋钮初始位置：查接线（老师查验）：查仪表量程。

通电试验过程中，人体不可碰触带电线路。遇到紧急情况按下“停止”按钮。

（1）高压侧在 100％抽头位置接电源，稳步升压，将数据记入表 1。

表 1

U_1(V)	100	150	180	200	220
U_2(V)					
I_0(A)					
p_0(W)					
$\cos\varphi_0$					

续表

（2）高压侧在 90%抽头位置接电源，稳步升压，将数据记入表 2。

表 2

U_1(V)	100	150	180	200	220
U_2(V)					
I_0(A)					
p_0(W)					
$\cos\varphi_0$					

（3）低压侧接电源（升压变压器），稳步升压，将数据记入表 3。说明：U_1指的是电源侧电压。

表 3

U_1(V)	100	150	180	200	220
U_2(V)					
I_0(A)					
p_0(W)					
$\cos\varphi_0$					

四、问题探讨与思考

（1）比较表 1 和表 2，可得出什么结论？

（2）比较表 1 和表 3，可得出什么结论？

（3）变压器运行过程中，内部主要有哪些损耗？

（4）写出有功功率、无功功率、视在功率的表达式，画出功率三角形。

（5）归纳总结变压器空载特点（空载电流百分比、空载损耗、空载功率因数等）。

评价：（通过本堂课，你理解、掌握了哪些理论知识和操作技能）

单相变压器的负载运行任务工单

任务名称	单相变压器的负载运行				成绩	
学生姓名			学号		班级	
实训工位		监护人		成员		
实训场地			主要设备		日期	
任务目的	（1）能设计试验电路图，会制订操作计划。 （2）会正确进行运行与监视，并能根据试验数据总结规律和特点。 （3）理解外特性和电压变化率的概念，理解变压器的磁动势平衡。 （4）掌握变压器负载运行的特点					

一、电路图

根据试验目的，画出变压器带阻性负载接线图，标明各仪表测试对象、额定值及量程。

二、制订操作计划

三、试验现象及数据记录

（1）数据记录入表 1。

表 1

阻性负载	U_1	I_1	P_1	$\cos\varphi_1$	U_2	I_2	P_2	$\cos\varphi_2$
空载								
负载 1								
负载 2								
负载 3								

续表

(2) 数据处理，总结规律（一二次电流关系、一二次功率关系，电压变化规律等）。

四、问题探讨与思考

(1) 选择数据，画外特性曲线。

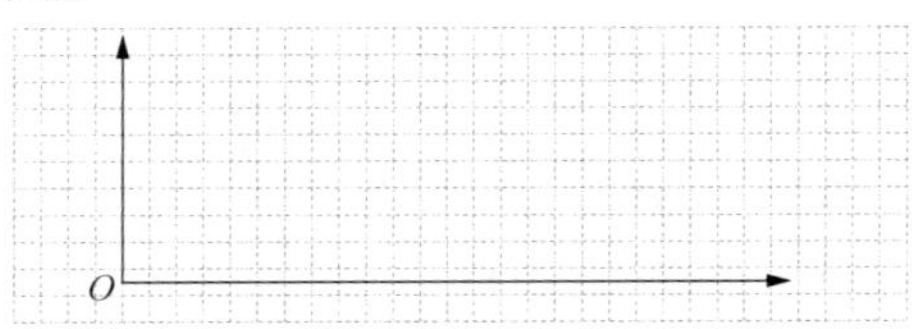

(2) 电压变化率的定义及计算。

(3) 探究并画出变压器带感性负载及容性负载时的外特性。

评价：(通过本堂课，你理解、掌握了哪些理论知识和操作技能)

变压器空载试验与分析任务工单

<table>
<tr><td>任务名称</td><td colspan="4">变压器的参数测定——空载试验与分析</td><td>成绩</td><td></td></tr>
<tr><td>学生姓名</td><td colspan="2"></td><td>学号</td><td></td><td>班级</td><td></td></tr>
<tr><td>小组序号</td><td></td><td>监护人</td><td></td><td>成员</td><td></td><td></td></tr>
<tr><td>实训场地</td><td colspan="3"></td><td>主要设备</td><td colspan="2"></td></tr>
<tr><td>实训工位</td><td colspan="3"></td><td>日期</td><td colspan="2"></td></tr>
<tr><td>任务目的</td><td colspan="6">（1）会根据试载试验数据，计算变比、空载电流的百分比、铁损耗、励磁参数。
（2）能根据空载试验初步判断变压器质量好坏。
（3）理解标幺值的概念并能进行相应计算</td></tr>
</table>

一、电路图

画出单相变压器空载试验接线图，并标明各仪表量程。

二、制订操作计划

三、试验现象及数据记录

（1）数据记录入下表。

U_{1N}	U_{20}	I_0	p_0	k	$I_0\%$	Z_m	r_m	x_m

（2）数据处理，总结规律。

1）画出变压器空载等效电路。

续表

2）计算励磁参数及励磁参数的标幺值。

四、问题探讨与思考

（1）变压器的变比如何计算?

（2）变压器的铁损耗如何测得？为什么铁损耗是不变损耗?

（3）空载电流的标幺值是多少？其大小对变压器性能有何影响?

（4）空载试验应该在高压侧加压还是低压侧加压？在不同侧测得的励磁参数是否相同？请试验验证。

（5）如何根据励磁参数的大小判断变压器的性能?

评价：（通过本堂课，你理解、掌握了哪些理论知识和操作技能）

变压器短路试验与分析任务工单

<table>
<tr><td>任务名称</td><td colspan="4">变压器的参数测定——短路试验与分析</td><td>成绩</td><td></td></tr>
<tr><td>学生姓名</td><td colspan="3"></td><td>学号</td><td></td><td>班级</td><td></td></tr>
<tr><td>小组序号</td><td></td><td>监护人</td><td></td><td>成员</td><td colspan="3"></td></tr>
<tr><td>实训场地</td><td colspan="3"></td><td>主要设备</td><td colspan="3"></td></tr>
<tr><td>实训工位</td><td colspan="3"></td><td>日期</td><td></td><td>室温</td><td></td></tr>
<tr><td>任务目的</td><td colspan="7">（1）会根据短路（负载）试验数据，计算铜损耗、短路参数。
（2）理解阻抗电压的概念，并掌握其大小对变压器的影响。
（3）理解折算的概念，会画T型等效电路，并掌握各参数物理意义</td></tr>
</table>

一、电路图

画出单相变压器短路试验接线图，标明各仪表测试对象、额定值及量程。

二、制订操作计划，说明注意事项

三、试验现象及数据记录

（1）数据记录入下表。

U_k	$I_k=I_{1N}$	p_k	$U_k\%$	Z_k	r_k	x_k

（2）数据处理，总结规律。

1）画出变压器短路运行时的等效电路。

续表

2）计算短路阻抗参数及其标幺值。

3）根据空载试验和短路试验数据，画出 T 型等效电路，并标明各阻抗参数，说明各参数物理意义。画出简化等效电路，并标明各阻抗参数。

四、问题探讨与思考

（1）短路阻抗标幺值为什么等于短路电压标幺值（阻抗电压）？其大小对变压器性能有何影响？

（2）为什么测得的短路损耗近似为铜损耗？

（3）变压器的短路试验应该在高压侧还是低压侧加压试验？为什么？

评价：（通过本堂课，你理解、掌握了哪些理论知识和操作技能）

双绕组变压器改自耦变压器任务工单

<table>
<tr><td>任务名称</td><td colspan="5">双绕组变压器改自耦变压器</td><td>成绩</td><td></td></tr>
<tr><td>学生姓名</td><td colspan="3"></td><td>学号</td><td></td><td>班级</td><td></td></tr>
<tr><td>实训工位</td><td></td><td>监护人</td><td></td><td>成员</td><td colspan="3"></td></tr>
<tr><td>实训场地</td><td colspan="3"></td><td>主要设备</td><td></td><td>日期</td><td></td></tr>
<tr><td>任务目的</td><td colspan="7">（1）掌握自耦变压器的结构特点。
（2）能根据试验数据，对普通双绕组变压器和自耦变压器进行对比。
（3）能说出自耦变压器的优缺点及应用场合。
（4）理解自耦变压器的容量关系</td></tr>
</table>

一、电路图

画出普通双绕组变压器改接成自耦变压器的电路图，并标明仪表量程。

二、制订操作计划

三、试验现象及数据记录

1. 数据记录

（1）空载试验数据记入表 1。

表 1

U_1(V)				
U_2(V)				
U_{Aa}(V)				

续表

（2）负载试验数据记入表 2。

表 2

I_1(A)				
I_2(A)				
I(A)				

2. 数据处理，总结规律。

四、问题探讨与思考

（1）说明自耦变压器（单绕组变压器）的结构特点。

（2）同容量的自耦变压器与双绕组变压器对比，说明它的优缺点及应用场合。

（3）写明自耦变压器的容量关系，说明自耦变压器的经济效益如何评价？

（4）自耦变压器的使用注意事项。

评价：（通过本堂课，你理解、掌握了哪些理论知识和操作技能）

三相变压器的空载及负载运行任务工单

任务名称	三相变压器的空载及负载运行				成绩	
学生姓名			学号		班级	
小组序号		监护人		成员		
实训场地			主要设备			
实训工位			日期			
任务目的	（1）会画三相变压器的运行电路图并能进行正确接线。 （2）会制订变压器运行的操作计划并能进行正确操作。 （3）能根据试验数据，总结三相变压器运行的规律和特点					

一、电路图

画出三相变压器的运行电路图。

二、制订空载运行及负载运行的操作计划

三、试验现象及数据记录

1. 数据记录

（1）空载试验数据记入表1。

表 1

组式变压器	U_{1N}(V)	I_{0A}(A)	I_{0B}(A)	I_{0C}(A)
芯式变压器	U_{1N}(V)	I_{0A}(A)	I_{0B}(A)	I_{0C}(A)

续表

（2）负载试验数据记入表 2。

表 2

U_{1N}(V)	U_2(V)	I_1(A)	I_2(A)	P(W)

2. 数据处理，总结规律

四、问题探讨与思考

（1）说明磁路系统不同对变压器运行的影响。

（2）画出高压绕组三角形联结、低压绕组星形联结、三相负载三角形联结的电路连接图（降压变压器）。

评价：（通过本堂课，你理解、掌握了哪些理论知识和操作技能）

变压器的联结组标号测定任务工单

任务名称	变压器的联结组标号测定				成绩	
学生姓名			学号		班级	
小组序号		监护人		成员		
实训场地			主要设备			
实训工位			日期			
任务目的	（1）理解联结组标号的含义。 （2）掌握 Yy0 和 Yd11 联结组标号的接线图及特点。					

一、知识回顾

（1）画出三相变压器高压绕组星形接线图，标出其线电压、相电压、线电流、相电流，并说明其关系。

（2）画出三相变压器低压绕组三角形接线图，标出其线电压、相电压、线电流、相电流，并说明其关系。

二、试验探究

（1）画出 Yy0 联结组标号的接线图和相量图，并根据相量图说明其特点，进行试验验证，试验数据记入表 1。

表 1

U_{AB}(V)	U_{ab}(V)	U_{Bb}(V)	U_{Cc}(V)	U_{Bc}(V)

续表

（2）画出 Yd11 联结组标号的接线图和相量图，并根据相量图说明其特点，进行试验验证，试验数据记入表 2。

表 2

U_{AB}(V)	U_{ab}(V)	U_{Bb}(V)	U_{Cc}(V)	U_{Bc} (V)

三、问题探讨与思考

（1）说明 Yd11 联结组标号中字母和数字的含义。

（2）测量联结组标号有何意义？

评价：（通过本堂课，你理解、掌握了哪些理论知识和操作技能）

参　考　文　献

[1] 李滨波，李元庆．电机运行技术［M］．北京：中国电力出版社，2013.

[2] 张盛智．电机原理与应用［M］．北京：中国电力出版社，2014.

[3] 叶水音．电机学［M］．北京：中国电力出版社，2015.

[4] 张秀阁，张玲．电机设备运行与维护［M］．北京：中国电力出版社，2012.

[5] 李元庆，等．电机技术与维护［M］．北京：中国电力出版社，2008.

[6] 李元庆．电机试验与检修实训指导书［M］．北京：中国电力出版社，2015.

[7] 谭延良，周新云．变压器检修［M］．北京：化学工业出版社，2008.